All about Mirages

蜃気楼のすべて!

日本蜃気楼協議会

草思社

はじめに

蜃気楼を探そう!

蜃気楼を生み出す不思議な生き物

「蜃気楼って、いったい何？」こんな素朴な疑問を持つ人は多いと思う。現在では、光の屈折によって起こる光学現象であることがよく知られるようになってきたが、それでも、まだ蜃気楼を神秘的な現象と捉えている人も少なくない。

そもそも「蜃気楼」という言葉の語源からしてそうだ。この言葉は知られている限り、司馬遷がまとめた『史記』にはじめて登場する。「蜃」とは大蛤とも、龍の一種ともいわれる生き物を指す。「気」とは妖気のこと。「楼」は楼閣・楼台などの高い建物。つまり、蜃気楼とは、蜃という生き物が妖気を吐いて楼閣を生じさせる、というのがその語源なのだ。確かに、はじめてこの現象を見た人々は、さぞ驚いたことと思う。まだ、科学がそれほど発達していなかったころは、いったい何が起こっているのか、天や神様、あるいは謎の生き物の仕業と思ったとしても無理はない。そして、この言葉が持つ魅力から、蜃気楼はこれまで小説や歌詞、芸術作品の題材としてしばしば取り上げられてきた。

時代が進むと、少しずつ科学の目が向けられはじめるのだが、あまり広まることはなかった。おそらく、経済への貢献や防災など人類の利益と直接結びつかないからだろう。蜃気楼への科学的アプローチがはじまったといえるのは、およそ100年前、日本では大正のころからだ。富山県魚津市が「蜃気楼の見える街」として全国的に有名であったことから、まず富山湾が研究対象となった。ただし、観測機器はいたって素朴なもので、研究成果も限定的だった。その後も、研究の状況が大きく変わらない時代が続いた。

蜃気楼研究は、今まさに発展期にある

じつは、蜃気楼の研究が大きく前進したのは、ここ最近のことなのである。たとえば、富山湾の蜃気楼は北アルプス立山連峰からの冷たい雪解け水によって発生するという、広く信じられてきた定説が、驚くべきことに間違っていたことが判明した。海面付近の空気が冷やされるのではなく、むしろ上層に暖気が移流してくるのがおもな原因だったのだ。ただし、この暖気の移流が起こるメカニズムは完全に解明されたわけではない。まさに今、蜃気楼の研究はようやく本格的にスタートしたといえる。

本書は、近年大きく進展した研究をもとに、全国各地で発生する蜃気楼とその背景を総合的にまとめたもので、その内容は他に例を見ない。カメラやパソコン、観測機器などが安価になり、性能も飛躍的に向上したことにより、全国のいくつかの場所においても素晴らしい蜃気楼が発生することが確認され、記録され、分析されるようになっている。海外の蜃気楼についても、南極などを中心にその発生状況がわかってきた。そこで、本書の前半では日本蜃気楼協議会の会員が全国各地で撮影した写真を中心にまとめ、後半ではメカニズムや発生理由などの研究成果をわかりやすく解説した。また、歴史や文化、美術工芸品に見る蜃気楼なども紹介する。

まずは本書を片手に、全国の発生地に出かけてみることをお勧めする。きっとそこには、蜃気楼に詳しい仲間たちがいると思う。ぜひ彼らに蜃気楼を見るコツを教えてもらい、本物を楽しんでほしい。自然の中で実際に出会ったときの感動は、写真を見るのとは比べものにならないくらい大きい。

そして、できれば、次はあなたの近くに発生する蜃気楼を探して、今まさに進展しつつある研究に参加してほしい。各地の、これまでに蜃気楼が発生するとは考えられていなかった場所で、次々と観測例が報告されている。あなたにも、どんな専門家もできなかったような、新たな場所で蜃気楼の発見ができるかもしれない。見るコツと基礎知識さえ習得すれば、あと必要なのはあなたの目とカメラと、情熱だけだ。実際に、本書の執筆者や写真提供者にも、そのような仲間が数多くいる。

本書を読んで、蜃気楼の愛好家、あるいは研究してみようと思う方が、一人でも増えることを願っている。

目次

第2部 蜃気楼を見に行こう!

第3部 蜃気楼を研究しよう！

第4部 蜃気楼の歴史と美術

第1部
蜃気楼とは何か？

蜃気楼ウォッチャーたち

第一級の展望地、魚津市「海の駅蜃気楼」に集まった人々。視線の向こうには、蜃気楼でバーコード状に伸び上がった富山火力発電所周辺の景色がある。
（5月上旬　12時、富山県魚津市）

第1章

蜃気楼はなぜ見えるのか?

蜃気楼とは

「蜃気楼って、いったい何？」という疑問に、まずは答えていこう。

よく「自分の後ろの景色が映っている」とか「竜宮城のような幻が見える」という話を聞くが、それらはまったく起こりえないことで、そういう幻覚のようなものは、蜃気楼ではない。蜃気楼とは、光が空気の温度（密度）の変化する層を通過することで曲がり、景色がいつもとは違った形に見える光学現象である。遠方の景色が伸びたり、縮んだり、反転したりするが、何もないところに幻が見える現象ではない。蜃気楼になって見えるのは実際の景色だけだ。

蜃気楼の種類

大きく分けると、遠方の景色が実際より上方に変化して見える上位蜃気楼（superior mirage）と、下方に変化して見える下位蜃気楼（inferior mirage）の２つに分類される。上位蜃気楼は比較的珍しい現象で、日本では富山湾のものが有名である。近年の調査・研究では、ほかでもいくつかの地域で発生が確認されている。下位蜃気楼はさまざまな地域で、年間を通じて比較的頻繁に見られる現象である。夏の暑い日にアスファルト道路上などで目撃される「逃げ水」も下位蜃気楼の一種だ。

(1) 上位蜃気楼（superior mirage）

一般に蜃気楼と呼ばれる現象は、上位蜃気楼を指す場合が多い。上位蜃気楼は、遠方の景色が上方に伸びたり反転したりして見える現象であり、年間の発生回数はあまり多くない。たとえば富山湾では年に十数回程度である。上位蜃気楼が発生しているとき、空気の温度は、上が暖かく下が冷たい「上暖下冷」になっている。観測者に届く光は、「温度の境界層」（暖気層と冷気層の間にある温度が急激に変化する層）で下方向に曲げられるので、上方に虚像が見える（図1-1、図1-2）。富山湾では、春に発生することが多いので、俗称として「春型の蜃気楼」とも呼ばれる。

(2) 下位蜃気楼（inferior mirage）

下位蜃気楼は、遠方の景色が下方に反転して見える現象である。比較的頻繁に見られ、珍しい現象ではない。下位蜃気楼が発生しているとき、空気の温度は、上が冷たく下が暖かい「上冷下暖」になっている。このとき、観測者に届く光は、温度の境界層で上方向に曲げられるため、下方に虚像が見える（図1-3）。中でも、空に景色が浮かんだように見えるときは「浮島現象」と呼ばれている。富山湾では、下位蜃気楼は冬に発生することが多いので、俗称として「冬型の蜃気楼」とも呼ばれる。

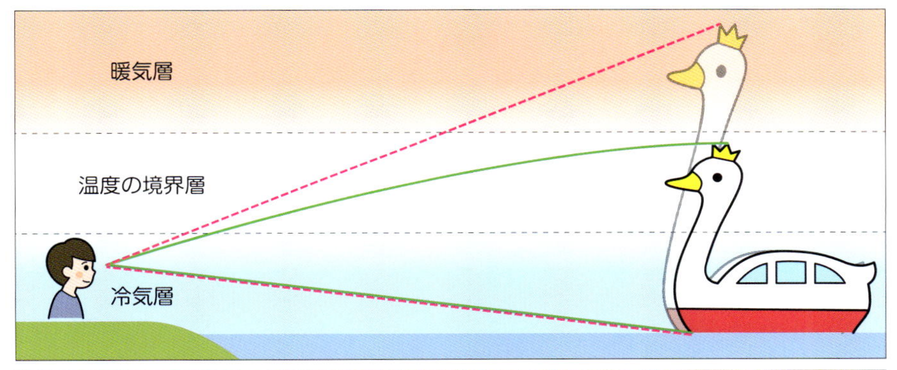

図 1-1　上方に伸びる上位蜃気楼

実線は実際の光の経路、破線は観測者から虚像の見える方向を示している。温度の境界層でゆるやかに温度が変化する場合、光は小さく曲がり、上方に伸びる蜃気楼となる。

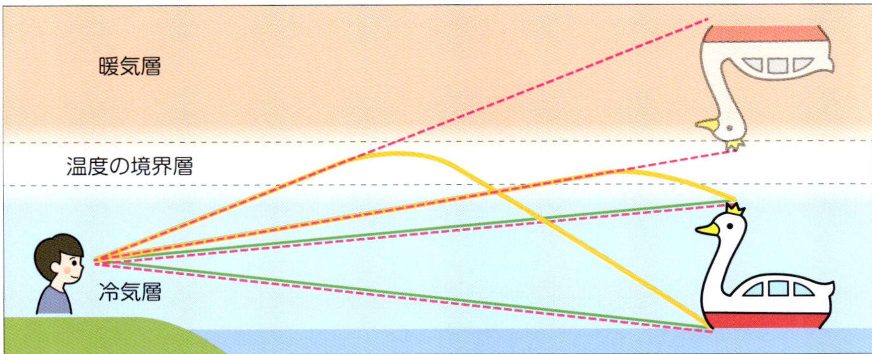

図 1-2　上方に反転する上位蜃気楼

温度の境界層で急激に温度が変化する場合、光の曲がりが大きくなり、上方に反転する蜃気楼となる。

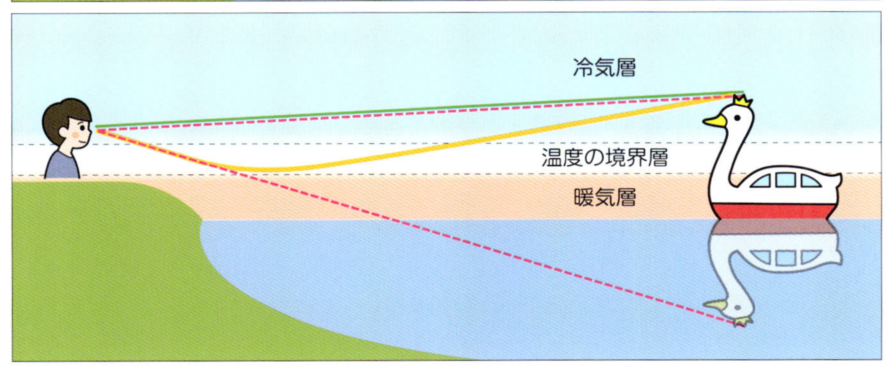

図 1-3　下方に反転する下位蜃気楼

温度の境界層では急激に温度が変化するため、光は大きく曲がり下方に反転する蜃気楼となる。

光の屈折と原理

蜃気楼が発生しているとき、光は温度の境界層で連続的に曲がっている。これは「光の屈折（くっせつ）」のためである。それでは光の屈折は、どのような原理で起こるのだろうか。

光が屈折する原因は、暖かい空気（密度が小さい空気）と冷たい空気（密度が大きい空気）とでは、その中を進む光の速さが異なることにある。光の速さは、温度が低く（密度が大きく）なるにつれて、少しずつ遅くなるのだ。たとえば温度が25℃と20℃の２つの空気の境界では、同じ空気であっても0.0005％程度、光は遅くなる。この速さの違いは非常にわずかなので、境界を通り抜ける光の曲がり方もわずかしかない。光の速さがもっと大きく変化する場合は、より大きく曲がる。たとえば光が空気中から水中に進むとき、その境界では大きく屈折するが、それは水中では光の速さが25％程度も遅くなるからだ。

では、なぜ光の速さが異なる境界で、光は屈折するのだろうか。屈折の原理（ホイヘンスの原理）を理解するために、簡単な模式図で説明しよう（図1-4）。ここでは、暖かい空気と冷たい空気が接している状態で、そこに光が斜めに進行する場合を考えてみる。このとき、光の進行を車にたとえると、なぜ光が曲がるかがわかる。温度の境界では左右のタイヤが回転する速さが暖かい側と冷たい側ではわずかに異なる。冷たい側に進入したタイヤは、暖かい側にあるタイヤより遅く回るのだ。このため、光は進路を曲げ、屈折するのである。実際の空気の場合、温度は少しずつ変化している。光は温度が変化する境界層で少しずつ曲がり（図1-5）、これによって蜃気楼が発生するのである。

光が空気の温度差によって曲がる効果は、空気と水の場合に比べるとほんのわずかだ。そのため、蜃気楼になって見えるには、光は温度の境界層を数km以上にわたって進む必要がある。これまでの観測によれば、例外もまれにあるものの、おおむね4km以上の距離が必要だ。

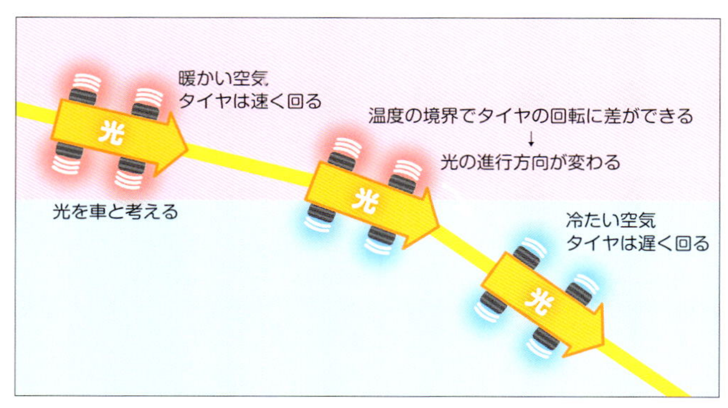

図 1-4　光が屈折する原理の模式図
光（車）は、温度の境界で進行方向を曲げる。

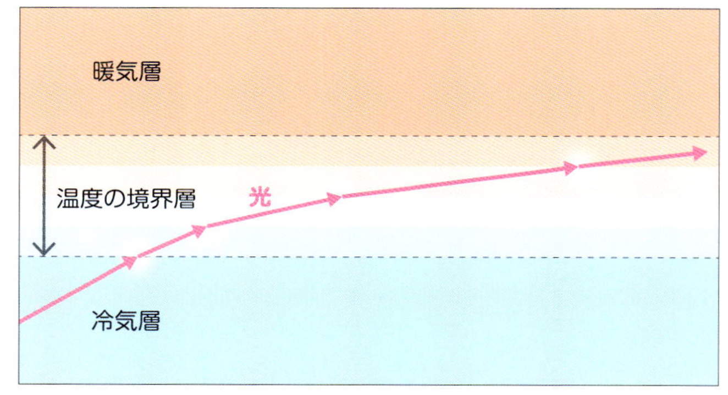

図 1-5　温度の境界層で少しずつ曲がる光
光は、温度の境界層の中で連続的に屈折することによって曲がる。

第2章

なかなか出会えない上位蜃気楼

珍しいのは上位蜃気楼

蜃気楼の種類の中でも、上位蜃気楼はまれにしか起こらない。浮島現象などの下位蜃気楼は冬季を中心に全国各地で頻繁に見られるが（第3章参照）、上位蜃気楼は限られた場所でわずかな時間だけ見られるものなのだ。その形状はさまざまで、伸び上がるものや、上方に反転した像が現れるもの、何重にも重なって見られるもの（2像、3像などという）もある。上位蜃気楼はうつろいやすく、見え方は数分間で変化するし、長時間にわたって見えることはあまりない。

発生する気象条件については、最近の研究からその傾向はわかってきたが、全容を解明するには至っていない。ベテランの研究者ですら可能性が高いと思って観測をしても、予想通りにならないことがしばしばである。反対に、思わぬ場所や時刻に発生することもある。

写真 2-1　2015年に千葉県ではじめて撮影された上位蜃気楼

猛暑日が続いた夏、海岸の朝もやが晴れると、約20km離れた船などが上方に反転して見えた。（8月上旬　10時、千葉県九十九里町）

ベストオブ上位蜃気楼

近年になり、全国各地で上位蜃気楼が次々と確認されている。富山湾はもとより石狩湾や大阪湾、オホーツク海、さらに千葉県や茨城県などの沿岸でも撮影されている。また、琵琶湖や猪苗代湖、十和田湖などの湖上でも確認されている。非常に珍しいが、内陸で上位蜃気楼が起こることもあり、観測例がある。海外では、南極の昭和基地周辺で比較的よく現れることがわかってきた。

これから紹介するのは、各地で撮影された上位蜃気楼のベスト版ともいえる写真である。ただし、蜃気楼はいつもこれらの写真と同じように発生するわけではなく、見え方は毎回異なると思った方がよい。また、見かけの角度が非常に小さいため、撮影には望遠レンズが使用されている。ちなみに、蜃気楼の撮影には最低でも35mm判換算で焦点距離が300mm（望遠鏡6倍相当）、できれば500mm（10倍）～1000mm（20倍）程度の超望遠レンズが必要だ。国内の上位蜃気楼は、各地にまだ発見されていないものがあると考えられ、これからさらに見つかる可能性がある。今後の新しい発見と撮影が期待されている。

⬆写真 2-3　Z字型に変形する琵琶湖大橋

大津市浜大津港周辺から約14km離れた琵琶湖大橋は、通常はアーチ状に見えている。この日は午後になって大きく変化し、ついにはZ字形になって見えた。遊覧船との対比が面白い。(5月中旬　15時、滋賀県大津市・大津湖岸なぎさ公園おまつり広場)

⬅写真 2-2　夕日に染まる新湊大橋

魚津市からは、富山湾越しに約25km先にある射水(いみず)市の新湊大橋が見える。この日の蜃気楼は午後3時ころから日没まで続いた。夕方には新湊大橋がオレンジ色に染まり、ジグザグに変化する幻想的な景色となった。(4月下旬　18時、富山県魚津市)

写真 2-4　ガスタンクの変化

小樽市で夕方に大規模な蜃気楼が見られた。約23km離れた対岸にある石狩湾新港の緑色の球形ガスタンクが上方に伸びたり反転したりして、まるでワイングラスや徳利のような形に変化した。手前に夢中で写真を撮影する人を入れて撮った。（6月下旬　18時、北海道小樽市）

写真 2-5　「はくちょう丸」のろくろ首

猪苗代湖を航行する遊覧船「はくちょう丸」（中央左）の首が数倍も上方に伸びて、建物（右）なども上方に伸びたり反転したりしている。また、下方に反転した下位蜃気楼も同時に発生して、上位と下位の混在型となっている。湖上の蜃気楼もとても神秘的だ。（5月上旬10時、福島県郡山市）

写真 2-6　とても珍しい夜の蜃気楼

オホーツク海に流氷が広がる厳冬期の夜に現れた美しく珍しい風景。斜里町から約35km離れた網走の夜景が伸び上がって明るく見えて、光の宮殿のようだ。放射冷却で冷たい空気が流氷原の上にたまり、出現した可能性が考えられる。（2月上旬　24時、北海道斜里町）

写真 2-7　南極に現れた反転する氷山

南極は空気が澄んでいて蜃気楼が比較的よく見られる。この日は、はるか彼方にあっていつもは水平線の下に隠れている氷山が、海氷の上に浮き上がって、反転して見えた。時間とともに姿をゆっくりと変えた。（10月下旬　11時、南極・昭和基地）

第3章

浮島現象や逃げ水などの下位蜃気楼

下位蜃気楼は頻繁に見られる

下位蜃気楼は全国で頻繁に見られる現象だ。冬季に多いが、他の季節にも見られる。一般に「蜃気楼」といえば珍しい上位蜃気楼を指し、下位蜃気楼は「浮島現象」や「逃げ水」と呼ばれることが多い。ただし、原理を説明する際には上位蜃気楼と区別するため「下位蜃気楼」として扱われる。下位蜃気楼は、上冷下暖の温度構造の空気層によって起こるが、暖かい空気層は地表や海面上のわずかな高さにだけ存在する（数cmから数十cm）。そのため、立ったりしゃがんだりするだけで見え方がかなり変わる。変化の見た目の大きさは、上位蜃気楼よりさらに小さいことが多いので、観測・撮影には双眼鏡や望遠レンズが必要である。

浮島現象

浮島現象は、その名前の通り島や船などが水平線から浮かんで見える現象。上冷下暖の温度構造のとき、光が温度の境界層付近で下を凸にして曲がることで、このように見える。物体の一部は鏡に映ったように下方に反転するので、場合によっては空も反転像の一部となって像の下部に入り込み、物体が空中に浮いているように見える（写真3-1、3-2）。冬の海は、海面水温が気温よりも高いことが多く、浮島現象が起こりやすい。だが、光の曲がる角度が小さいため、島や船が浮島現象になるには数km～数十km離れた場所にある必要がある。このため、遠くまで見通せるよう空気が澄んでいることが必要だ。冬の東京湾などでは対岸の景色が浮かんで見え、「浮景現象」ということもある。

逃げ水

強い日差しが当たったアスファルト上に、まるで水があるかのように、黒っぽい部分が見えることがある。近づいても水はなく、さらに先に同様なものが見える。この逃げ水も下位蜃気楼の一つで、浮島現象と同じ原理で説明できる。アスファルト面は気温よりも温度がかなり高くなっていて、表面近くの空気も暖められている。そのため、光は温度が急激に変化する温度の境界層で下を凸にして曲がる。水と思ってしまうのは、水面のように空や景色などが映っているためだ。逃げ水は砂浜でも見られ、オアシスがあると勘違いされることがある。別名を「地鏡」ともいう（写真3-3）。

写真 3-1　コンテナ船の浮島現象

東京湾内の海ほたるパーキングエリアから撮影。東京湾に入ってくる大型船のコンテナ部分が、水平線から離れ、空中に浮いているように見えた。（11月下旬　7時、千葉県木更津市）

写真 3-2　慶良間列島の浮島現象

沖縄本島から20 ～ 30km離れた慶良間列島が、水平線から浮かんで見えた。浮島現象は朝夕の逆光のときにわかりやすい。（12月下旬　17時、沖縄県豊見城市）

写真 3-3　道路に出現した逃げ水

強い日差しで暖められた道路上に、まるで水があるかのような逃げ水が見られた。光が曲がり、空や景色、車が映っている。（9月中旬　10時、北海道美瑛町）

第4章

これも蜃気楼?——太陽や月の変形

太陽や月の形が変わる理由

この章では、地平線近くの太陽や月が、蜃気楼やそのほかの原因で変形する現象を紹介しよう。上位蜃気楼による「四角い太陽」、下位蜃気楼による「だるま型の太陽」、上空の「逆転層」(コラム1参照)による変形、それに「大気差」でも偏平に変形する。また、空気の温度のゆらぎによる陽炎が見られることもある。

大気差

大気は地面に近いほど気圧が高く密度が大きい(上空に比べ光の速さが少し遅い)ので、地平線近くを通る光は、地球の丸みの影響により、上を凸にしてゆるやかに屈折する。このため、地平線近くにある太陽や月はわずかに浮き上がって見える。これを「大気差」という。地平線付近では、太陽や月は見かけの直径分ほど浮き上がり、大気がないときに比べ、日の出や月の出の時刻が早くなる。この「浮き上がり」の効果は地平線に近いほど大きいので、結果として太陽や月は下からつぶされたような偏平になる。

光は波長(色)によって屈折の大きさがわずかに異なるため、大気差により上側が青色、下側が赤色にやや分光(光の色が分かれること)する。地平線近くの太陽は、分光により上の方が紫色や青色になっているはずだが、紫や青の光は大気による散乱で目に届かない。そのため上側が緑色になる「グリーンフラッシュ」が現れる。この緑色の光も、空気が澄んだ条件のいいときにしか見ることはできない(写真4-1)。

四角い太陽

地平線上の太陽の一部が上位蜃気楼によって伸び上がり、四角い太陽になることがある(写真4-2)。大気の状態や見る位置によっては、四角以外のさまざまな形にもなる。海上や陸上の比較的冷たい空気の上に、それよりも暖かい空気が乗る場合に起こりやすく、北海道や東北、関東の太平洋側の海上などでまれに見られる。中でも北海道別海町は、四角い太陽が見られることで有名である。

写真 4-1　**つぶれた太陽**
南極で見られた地平線上の太陽。地表付近の気温が低いので大気差によるつぶれ方が大きい。上端にはグリーンフラッシュの輝きが見える。(7月下旬　14時、南極・昭和基地)

写真 4-2　**四角い太陽**
地平線上の太陽が、上位蜃気楼により伸び上がり、四角い形になっている。南極では、太陽が沈む状態が続く極夜の前後に、北の空に見えることが多い。(6月上旬　12時、南極・昭和基地)

だるま型の太陽

水平線上の太陽の一部が下方に反転して映り、だるまに近い形に見えることがある（月でも見られる)。形状によってはワイングラス型の太陽ともいう。これは下位蜃気楼によるもので、気温が海面水温より低い場合にときどき見られる。冬季に多いが、かなり遠くまで雲やもやがない状態でないと見られない。

ダイヤモンドの輝きのような不思議な太陽

昭和基地（南極）から見る地平線近くの太陽は、大気差による変形と放射冷却で発生した冷気の移流による上位蜃気楼の効果が重なることがある。さらに大陸上の冷気が高地から吹きおりる非常に強い風（カタバ風）による光のゆらぎが加わると、不思議な現象が見られることもある。写真4-7の日の出は、美しい紫色や青色の輝きのあと、緑色や橙色、黄色などの輝きが次々と現れ、まるでダイヤモンドの輝きのようだった。

写真 4-3　だるま型の太陽

冷え込んだ朝に水平線から出た太陽が、下位蜃気楼によりだるま型になった。水平線も下がって見えていて、本来の水平線は太陽のくびれの位置である。（2月上旬　7時、茨城県鉾田（ほこた）市）

写真 4-4　お椀を伏せたような形の太陽

水平線に沈もうとしている太陽の上部が変形し、まるでお椀を伏せたような形になった。地表付近の逆転層ではなく、上空2000～2500m付近の逆転層による影響の可能性がある。（6月下旬　19時、北海道小樽市）

写真 4-5　飛行機から見た不思議な夕日

北海道上空の飛行機から見た夕日が不思議な形に変化した。逆転層によるものと思われる。この直後に美しいグリーンフラッシュが見られた。（9月中旬　18時、北海道の上空）

写真 4-6　陽炎でゆらぐ日の出

日の出や日の入り時の太陽光はゆらぎやすい。また、写真のように浮島現象により水平線からわずかに離れて太陽が出るときは、とくにゆらぎが大きい。（12月中旬　7時、茨城県鉾田市）

写真 4-7　ダイヤモンドの輝きのような不思議な太陽

上位蜃気楼で浮いて出てきた太陽の上下左右に、グリーンやブルーなど、さまざまに色づいた小さな輝きが次々と発生した。渦を伴うカタバ風で水平方向にも光が曲がったと考えられ、きわめて珍しい現象である。（7月下旬　10時、南極・昭和基地）

コラム❶

蜃気楼は「逆転層」によって起こる

山頂の気温がふもとより低いことを経験したことがあるだろう。地表から11km程度の高さまでは、普通100m上がるごとに気温は約0.65℃下がっていく。

しかし、自然とは不思議なもので、ときとして上空の方が暖かくなる場合がある。このように、温度変化の傾向が通常とは逆転している層のことを「逆転層」という（図C1-1）。逆転層の規模や高さはその原因によりさまざまで、上空数kmの範囲で起こることもあれば、地表数百mのときもある。また、逆転層が地面に接している場合もある。四角い太陽の変形などは、これらいずれかの逆転層が発生の要因だと考えられる。

上位蜃気楼も気象学的には逆転層によって発生するといってよいが、一般的な逆転層とは異なり、やや特殊である。上位蜃気楼では「温度の境界層」（暖気層と冷気層の間にある温度が急激に変化する層）が逆転層になっている。しかし、その高さは数m～十数mと低く、厚みも数m程度と小さい。また、冷気層や暖気層は、鉛直方向の規模が小さいため高さによる温度変化がほとんどない。水平方向の範囲も局地的である（図C1-2）。

上位蜃気楼が発生するとき、温度の境界層では強い逆転が生じている。上に行くほど暖かいため、対流が起こりにくい。そのため、冷気層と暖気層が混じり合わず色合いの異なる帯状の層として見えたり、煙が温度の境界層付近（高さ数m～十数m）で横にたなびいたりする（図C1-3）。この現象は、蜃気楼の発生前から確認できる。蜃気楼を見に行った際には、ぜひ発生の前兆を知る一つの目安として注目してほしい。

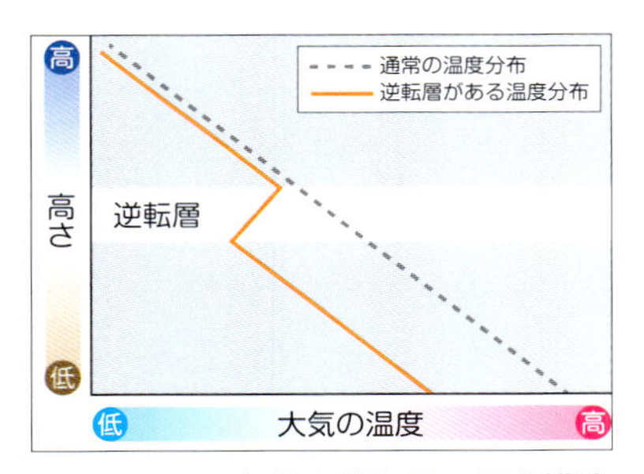

図C1-1　一般的な逆転層の温度構造
逆転層では、上空の方が大気の温度が高くなる。逆転層の種類には、接地逆転、沈降性逆転、移流性逆転、乱流性逆転などがある。高さのスケールは数百mから数km。

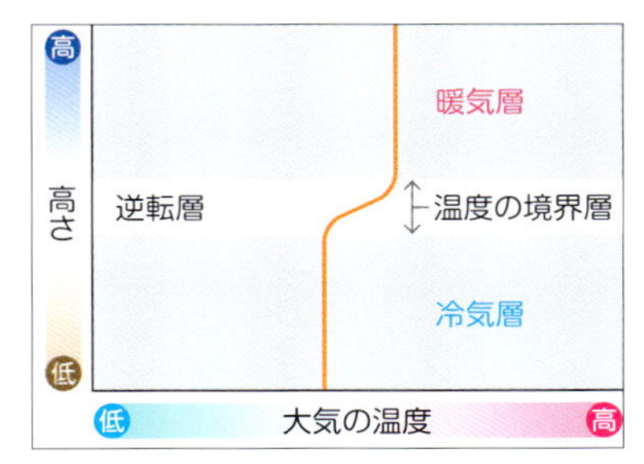

図C1-2　上位蜃気楼が見られるときの逆転層と温度の境界層
蜃気楼では、温度の境界層が逆転層に相当する。しかし、逆転層としては厚さがきわめて薄い特殊な例といえる。高さのスケールは十数mから数十m。

図C1-3　帯状の層と横にたなびく煙
蜃気楼が発生する日は、色合いが異なる帯状の層が海上に見えたり、その境界付近で煙が横にたなびいて見えたりすることがある。

第2部

蜃気楼を見に行こう!

オホーツク海の「幻氷」

流氷が去るころ、巡視船の向こうに流氷が蜃気楼となり伸び上がって見えた。春先に現れる流氷の上位蜃気楼を「幻氷」という。（4月下旬　12時、北海道斜里町）

第5章

魚津(富山県)の蜃気楼

古くからの蜃気楼の名所、魚津

蜃気楼の第一級の名所・富山湾を皮切りに全国各地に現れる蜃気楼を紹介していこう。

富山県魚津市は「蜃気楼の見える街」として古くから全国的に有名である。永禄7（1564）年の5月下旬～6月中旬（旧暦）に、上杉輝虎（後の上杉謙信）が魚津の浜で蜃気楼を見たという記録がある。この記録は、元禄11（1698）年に書かれた上杉家の軍記『北越軍談』に残されたものだ。実際に上杉謙信が見たかどうかは定かではないが、いずれにしても、『北越軍談』が書かれた江戸時代には、すでに魚津が蜃気楼で有名であったことは確かなようである。

発生しやすい気象条件

富山湾に上位蜃気楼（以後、蜃気楼とする）が起こる理由について、昔は北アルプス立山連峰からの冷たい雪解け水が原因とされ、長年にわたり定説となってきたが、この説は覆されている（第16章参照）。ここでは現在知られている発生しやすい時期や、気象条件を解説しよう。

・時期：3月下旬～6月上旬の晴れた日。とくに5月がよい。
・時間：午前11時～午後4時ころ。とくにお昼すぎがよい。
・気温：18℃以上のとき。とくに日中の最高・最低の気温差は13℃以上がよい。
・風：穏やかな北よりの風のとき。とくに風速3m/s以下で北北東の風がよい。
・天気：晴天が数日間続き、移動性の高気圧が本州を通過して、その中心が日本の東にあるとき。とくに高気圧の中心気圧は1020hPa（ヘクトパスカル）以上がよい。

蜃気楼がシーズン中に発生する回数はおおむね十数回。梅雨になると、シーズンは、ほぼ終わりとなる。

魚津では、「蜃気楼が出た翌日は雨が降る」といわれている。この理由は次の通りである。春は移動性の高気圧が、日本列島の上を西から東へと周期的に通っていく。魚津で蜃気楼が発生しやすいのは、その高気圧が本州の真ん中を通過し、中心が太平洋側へ抜けたときだ。このようなときは、最高気温が平年値以上になりやすく、魚津の海岸では蜃気楼が発生する典型的な日和となりやすい。魚津では東から覆われる高気圧によって、日中は穏やかに晴れるが、その後は西から気圧の谷や低気圧が接近してくるため、夜から翌日には天気が崩れてくるのである。

絶好の観測地点——魚津埋没林博物館と海の駅蜃気楼

魚津港に隣接した蜃気楼展望地に、魚津埋没林博物館がある（写真5-1）。ここは約2000年前にできたとされる埋没林の保存と展示、そして蜃気楼をテーマとした博物館である。館内の蜃気楼コーナーには解説や実験装置のほか、全国の蜃気楼に関する情報や写真、歴史的な資料などが数多く展示されている。また、常設の300インチのフルハイビジョンホールで、大画面による迫力満点の蜃気楼映像を楽しむことができる。建物周辺には2台のライブカメラが設置されており、その映像はリアルタイムでインターネットに公開されている。魚津埋没林博物館では蜃気楼の発生をメールで知らせる無料サービスも行っているので、ライブカメラと併用すると効率よく蜃気楼を楽しむことができる（第17章参照）。

魚津埋没林博物館に隣接して、観光施設「海の駅蜃気楼」がある（写真5-2）。ここには200台あまりの駐車スペースがあり、周囲が海に面した堤防であることから、蜃気楼を見るには絶好の場所の一つである。また、蜃気楼のシーズン中には、魚津市から委嘱された蜃気楼解説員や魚津蜃気楼研究会の方々が見つけ方のポイントなどを現地でやさしく教えてくれるので、はじめて見に来た人でも十分に楽しむことができる。

蜃気楼を運良く見ることができた場合、魚津市観光協会では「蜃気楼を見た証明書」を発行している。この証明書を受け取るには特別な手続きは必要なく、発生した日に魚津埋没林博物館の受付に行けば、無料で発行してもらえる。

写真 5-1　魚津埋没林博物館

三角屋根の展示館やお椀を伏せたようなドーム館が特徴的な施設。さまざまな蜃気楼情報がこの博物館より発信されている。背景は、北アルプス立山連邦の雪山である。

写真 5-2　海の駅蜃気楼

駐車場は200台分のスペースがあり、カメラなどの機材を車で持ち込むことが容易。施設の中には、飲食店やトイレなどもあり、蜃気楼観察・撮影の拠点として非常に恵まれている。

①新湊大橋
②富山新港火力発電所
③富山火力発電所
④富山県岩瀬スポーツ公園健康スポーツドーム
⑤常願寺川河口
⑥水橋の海岸
⑦魚津埋没林博物館
⑧魚津しんきろうロード
⑨ＹＫＫａｐ黒部製造所
⑩生地（いくじ）の海岸
⑪生地鼻
⑫航行する船

⬆図 5-1　富山湾のおもな観測地点と対象物

富山湾における蜃気楼の発生報告は、東部沿岸域に集中している。観測地点である魚津の海岸では、①の射水市方向（約25km）から、⑪の黒部市方向（約8.5km）まで広い範囲を見渡すことができる。掲載した写真はとくに記さない限り、魚津市海岸から撮影したもの。写真タイトルにある番号は、地図中の番号の対象物と対応している。

⬇写真 5-3　①新湊大橋のアーチがＺ字型に

射水市方向に見える新湊大橋は蜃気楼による形の変化が面白い。アーチ状の橋の上部が上方に反転しＺ字型に変化するのが、これほど鮮明に見えるのは珍しい。（4月下旬　15時、魚津市）

⬆写真 5-4　②変形する富山新港火力発電所

射水市方向に見える海岸付近の林や建物が、上方に伸びたり反転したりしている。一方、新港火力発電所の2本の煙突の上部には変化がない。後方には約50km離れた稲葉山（小矢部市）の風車が見えている。（5月下旬　17時、魚津市）

⬆写真 5-5　③２段となった富山火力発電所

富山市方向に見える海岸付近のタンクや林などが、上方に伸びたり反転したりしている。上下2段に見える蜃気楼は大変珍しい。中央に見えるのは富山火力発電所の煙突である。（5月下旬　17時、魚津市）

⬇写真 5-6　④伸びる富山県岩瀬スポーツ公園健康スポーツドーム

富山市方向に見えるスポーツドームは、色が白くて三角の形をしているため変化がわかりやすい。あまり大きな建物ではないが、蜃気楼になったときに目立ち、ポイントとなる被写体である。（5月上旬　12時、魚津市）

←写真 5-7　⑤上方に伸びる常願寺川河口

富山市方向に見える常願寺川河口付近の砂浜（左）が、ゆらゆらと上方に伸びている。赤い欄干の今川橋（右）も面白い形に変化している。後方には富山市内の高層ビルや野球場のナイター設備が見える。（5月上旬　12時、魚津市）

↓写真 5-8　⑥夜の蜃気楼になった水橋の海岸

富山市水橋方向の市街地の明かりが、上方に伸び上がって見えている。この日は、日没とほぼ同時に発生した。この年は4月に続いて2度目の発生であったが、夜の蜃気楼はとても珍しい。（6月上旬　19時、魚津市）

⬆写真 5-9　⑦反転した魚津埋没林博物館

魚津埋没林博物館の周辺は蜃気楼の展望地であるが、これは反対に黒部市生地鼻から同館を見たものである。お椀を伏せた形のドーム館がきれいに上方に反転し、まるで空中に浮いているように見える。（5月中旬　12時、黒部市）

⬇写真 5-10　⑧ミイラ取りがミイラ？

これも、蜃気楼を見ようと人々が集まった魚津市海岸を、反対に富山市水橋から見たところである。観光客の車が棒状（左）になって走る様子が面白い。右には魚津埋没林博物館が見える。（5月中旬　16時、富山市）

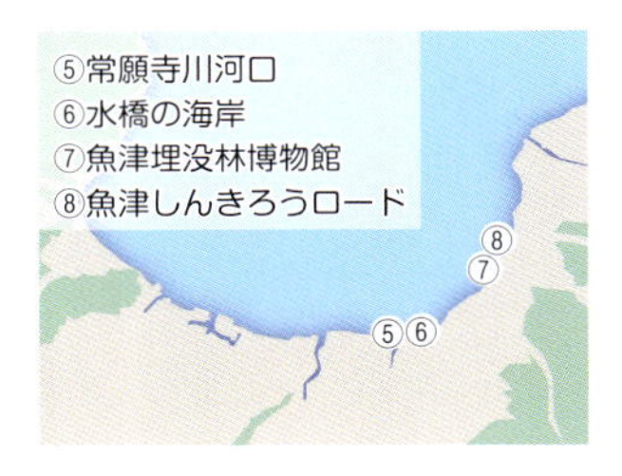

⬆写真 5-11　⑨逆くの字になった護岸堤

黒部市方向に見える工場とその手前の海岸を撮影したもの。上方に反転した護岸堤が逆くの字型に変化し、海が空中に映っている。また、中央右の片貝川河口付近に駐車している軽トラックも面白い形に変化している。（4月下旬　15時、魚津市）

⬇写真 5-12　⑩パステル調になった生地の海岸

黒部市方向に見える生地の街並みを撮影したもの。ゆらゆらとした様子は幻想的であり、色もパステル画のように変化している。（4月上旬　17時、魚津市）

⬆写真 5-13　⑪ワニ口のように変形した生地鼻

黒部市生地の端は生地鼻と呼ばれており、ポイントとなる白黒の灯台があって、魚津から撮影するには格好の被写体である。この日は、護岸堤が複雑に変化し、先端がまるでワニの口のような形になった。（4月上旬　11時、魚津市）

⬅写真 5-14　⑫船の反転

富山湾には大型船がよく出入りしている。この日は、生地沖を航行する船が蜃気楼になった。上方に伸びたり反転したりする船の姿は、優雅で魅力的だ。（4月下旬　17時、魚津市）

第6章

琵琶湖(滋賀県)の蜃気楼

近年になって見つかった蜃気楼

滋賀県の琵琶湖は日本最大の湖である。最狭部には、全長1.4kmの琵琶湖大橋が架かっており、橋の北側を「北湖」、南側を「南湖」として区別している。以前は上位蜃気楼が発生することは知られていなかったが、1995年からの調査の結果、春先から初夏（3～6月）にかけて北湖・南湖ともに発生することが発見された。南湖の蜃気楼は、「大津湖岸なぎさ公園おまつり広場」（大津市中央4。以下、なぎさ公園おまつり広場とする）からの観測では、5月に最も多く発生し、6月からは急激に減少、7月になるとほとんど発生しなくなる。まれに、1月や2月に発生することもわかった。

推測される発生理由は？

琵琶湖では、湖上や湖岸において気象観測をしている施設があり、その気象データから、南湖での蜃気楼の発生日に共通する気象状況を探った。すると、発生前からおおよそ北東の弱い風が吹き、発生中は湖上の温度が発生前より5℃以上、上昇していることが明らかになった。蜃気楼を発生させる上暖下冷の大気の温度構造は、湖上にある空気よりも温度の高い暖気がおおよそ北東の風で移流してきて作られると考えられる。

さらに、ビワコダス（琵琶湖地域環境教育研究会）の観測から、この風は大きな北湖で海風と同じ原理で発生した湖風に由来する場合がほとんどであることがわかった（図6-1）。北湖で発生した湖風の一部が、南湖に侵入する際に、琵琶湖の最狭部周辺の陸地の暖気を南湖に移流させて湖上の温度を上昇させていると推測できる。この湖風が現れる日には、北湖でも発生していることが多いので、湖風が蜃気楼を発生させる大きな要因であると考えられる。しかし、北湖の場合、湖風は陸地を通過する部分がないので、北湖の暖気の出所が陸地であるとはいい切れない。今後、北湖と南湖で同時に観測して、琵琶湖周辺の気象データと比較・検討することで、発生の仕組みが詳細にわかってくるだろう。

発生する気象条件は？

琵琶湖の南湖で蜃気楼が発生するのは、滋賀県が高気圧の勢力下にあり、午前中から陸地の気温が著しく上昇し、北湖に湖風が生じるような日の午後が多いと考えられる。風向は、なぎさ公園おまつり広場や湖上の唐崎沖、雄琴沖では、おおよそ北東の弱い風となっている。また、湖上の空気の温度は水温よりも高いが、とくに水温が低いわけではない。湖水温は春先から夏に向けて上昇を続けており、蜃気楼がよく発生する5月では20℃を超えることがわかっている。

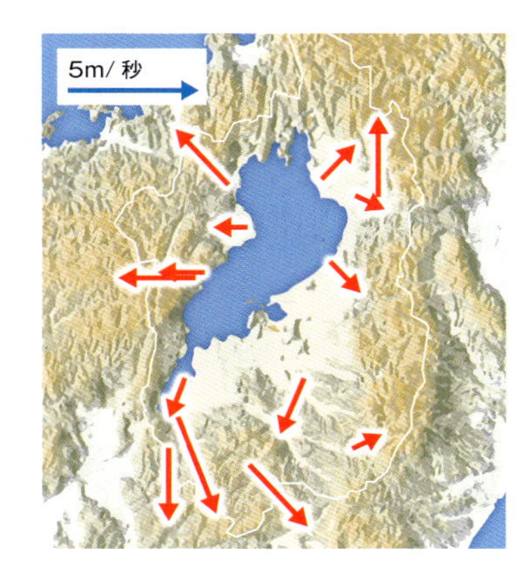

図 6-1　ビワコダスによる風の観測

蜃気楼が発生する日は、湖風が発生している場合が多く、風は北湖から放射状に陸地に向かう。南湖では北湖の湖風が侵入して、おおよそ北東の風となる。

琵琶湖大橋が絶好の観測対象物

なぎさ公園おまつり広場は、幅広く遠方を見渡すことができ、湖上・湖岸には蜃気楼像として変化するさまざまな対象物がある（図6-2）。とくに湖岸や琵琶湖大橋を走る車は、温度の境界層付近を移動するので、変化に富む動的な蜃気楼像を見ることができる。このため、この公園は蜃気楼の最高の観測地点といえる。

南湖の蜃気楼をこの公園から観測すると、初期に現れる変化は、琵琶湖大橋の東側のどこかが部分的に太く「コブ」のようになる、というものがほとんどである。その後、橋全体あるいは東西の湖岸へと変化が広がっていく。琵琶湖大橋のみが蜃気楼になることが多く、中央の最高部より東側が顕著に変化する。また、湖岸に発生する場合も、東岸の方が西岸に比べて多い。

観測していると時折、水平線の下に隠れて普段は見えないはずの琵琶湖大橋の橋脚台や遠方の陸地が蜃気楼となって見えることがある（写真6-3、6-4）。また、上位蜃気楼と下位蜃気楼が混在した蜃気楼が現れることもある（写真6-5）。

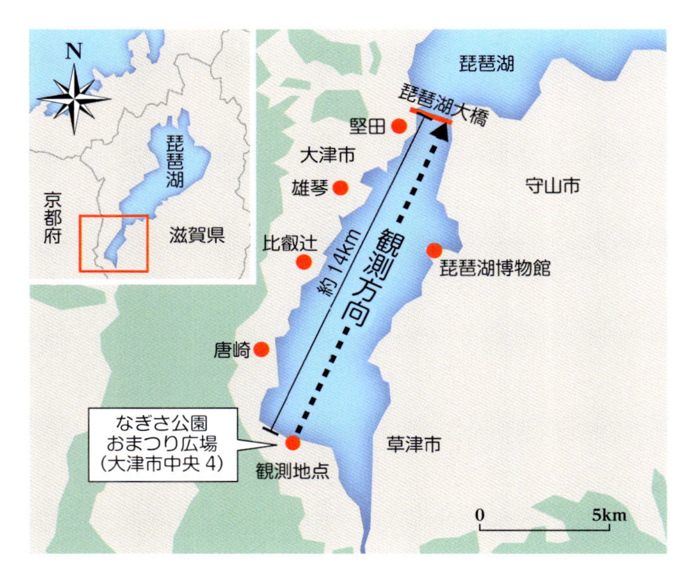

図 6-2　琵琶湖・南湖のおもな観測地点と対象物までの距離

蜃気楼は観測地点から10km前後に出現しやすいが、最も近い距離では約4km先に出現することもある。

写真 6-1　琵琶湖大橋の通常の景色

琵琶湖大橋は、東側の守山市（右）から西側の大津市（左）までを結ぶアーチ状の橋である。湖面から橋の最高部までの高さは約26mである。観測地点からは北北東方向、約14km先に見える。（大津市・なぎさ公園おまつり広場）

写真 6-2　複雑に変化する橋

琵琶湖大橋の最高部（写真中央）を境に、東西の橋が大きく屈曲して見えるのは非常に珍しい。右の橋上には、走行する白い車が大きく伸びたり、2～3像に変化したりする様子が見える。（5月中旬14時、大津市・なぎさ公園おまつり広場）

⬆写真 6-3　見えないはずの陸地が見えた

下段は琵琶湖大橋の通常の景色である。普段は、後方の山の裾野（近江白浜周辺）は水平線の下に隠れて見えない（▲の右側）。だが、上段写真では、水平線の下の陸地が蜃気楼として見えている。（3月中旬　17時、大津市・なぎさ公園おまつり広場）

⬆写真 6-4　橋脚台の蜃気楼

琵琶湖大橋の橋脚の土台（右下に拡大）は、水面から約2mの高さがあるが、観測地点からは通常、水平線の下に隠れて見えない。この日は、この土台が右上がりに3像型になって見えた。（4月上旬　15時、大津市・なぎさ公園おまつり広場）

⬆写真 6-5　2 種類の蜃気楼の混在

琵琶湖大橋の東側で、上方に変化したＺ字型の上位蜃気楼と下方に反転した下位蜃気楼が同時に発生した。このような2種類の混在型は珍しい。（4月下旬　12時、大津市・なぎさ公園おまつり広場）

写真 6-6　鉄格子のような琵琶湖博物館

下段は、烏丸半島にある琵琶湖博物館の通常の景色である。上段は、博物館手前の港と公園が蜃気楼になり、まるで鉄格子のように見える。（4月上旬　16時、大津市・なぎさ公園おまつり広場）

写真 6-7　時間とともに変化する比叡辻の周辺

大津市比叡辻方向を15分おきに3枚撮影して、時間経過とともに下段から順に並べた。中段と下段では湖岸後方の建物や車が蜃気楼となり、上段では湖岸が縦縞模様の帯状となって見える。（4月上旬　14～15時、大津市・なぎさ公園おまつり広場）

写真 6-8　大観覧車とその周辺の変化

大津市堅田方向で、直径108mの大観覧車の車軸から下が蜃気楼となっている。また、その左の建物が伸び上がり反転像が浮かんで見えている。この観覧車は2013年に撤去され、今はない。（4月上旬　16時、大津市・なぎさ公園おまつり広場）

第7章

小樽(北海道)の蜃気楼

初夏まで出現するのが特徴

小樽沖では、おもに4月から７月までの春から初夏に上位蜃気楼が発生している。北海道は梅雨がないので、７月でも見られる。最近では毎シーズンに20回程度が確認されているが、発生していても、もやがかかって対岸がよく見えなかったり、規模が小さくてわかりづらかったりして、見ごたえのある蜃気楼は1シーズン数回程度だ。

小樽の海岸は崖が多いので、観察に適した海辺は、高島海岸、朝里海岸、銭函海岸などと限られている（図7-1）。対岸は海岸林や崖など単調な景色が続いているので、事前に通常の景色を確認したり、観察の際に対象物として役立つ建物をチェックしたりしておくとよいだろう。

春の風物詩になった蜃気楼

小樽沖で蜃気楼が発生することは江戸期末の文献に記されていたが、一部の小樽市民にしか認知されていなかった。写真がはじめて撮影されたのも1998年のことだ。しかし、小樽市総合博物館による継続的な観測により、毎年発生を確認し、報道機関を通じて多くの市民に紹介し続けた結果、「今年はまだ蜃気楼を確認していないでしょうか？」と問い合わせが来るくらいに関心が高まってきた。近年では、雪解けが進んだ4月の暖かい日に、小樽沖でその年はじめての発生が確認されると、地元の新聞各社は季節のニュースとして掲載するようになった。そのおかげで、小樽沖に発生する蜃気楼は、春の訪れを告げる風物詩として市民に認知されつつある。

発生する気象条件

蜃気楼を確認できた日の気象状況を分析することで、小樽沖で発生する気象条件がわかってきた。発生日の典型的な気圧配置は、小樽周辺が南東にある高気圧に覆われていて、北西には低気圧がある場合だ。そのような状況では、石狩湾南東岸の札幌周辺は晴れて、日射で暖められた陸地を通る南よりの風がさらに暖かくなって、春先のまだ冷たさの残る石狩湾へと移流する。その暖かい空気の下に、沖合の冷たい北よりの風が潜り込むことで、上暖下冷の温度構造が形成され、蜃気楼が発生する（図7-2）。しかし、暖かい風と冷たい風の出会いのバランスは微妙なようで、気圧配置が典型的なパターンだとしても発生しないこともあるし、典型的な気圧配置でなくても、特大規模の発生を確認することもある。詳しい発生理由の解明はまだ途上である。

蜃気楼に親しんでもらうための活動も

石狩湾では、一般の人にもっと観察してもらう機会を増やそうと、小樽周辺の有志で「石狩湾蜃気楼情報」をメーリングリストとFacebookで発信している。4月から7月にかけて発生の可能性がある場合に予報を出し、さらに確認した場合にはその状況を紹介している。石狩湾で蜃気楼を見る際には、大いに活用してほしい。

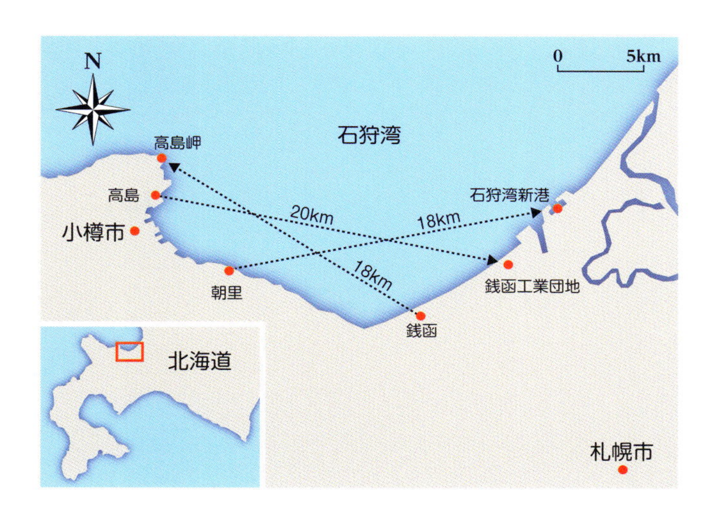

図 7-1　小樽周辺のおもな観測地点と対象物

矢印は掲載した写真を撮影した方向である。観測地としては、高島海岸、朝里海岸、銭函海岸がお勧めである。

江戸時代から知られる「高島おばけ」

江戸時代から小樽沖では「高島おばけ」と呼ばれる現象が知られていた。弘化3（1846）年に、小樽沖を航行する船上でその現象を教えてもらった北方探検家の松浦武四郎（まつうらたけしろう）は、著書『再航蝦夷日誌』や『西蝦夷日誌』に、高島岬の小島が大きく見えたり、対岸の小屋が宮殿楼閣のように見えたりしたと記している（図7-3）。松浦武四郎は、江戸時代の蜃気楼の名所、伊勢の出身であったので、蜃気楼のことをよく知っていたようだ。この文献が残ったことで、「高島おばけ」が今日の小樽に語り継がれている。

図 7-2　暖かい風と冷たい風の出会い

南よりの風は、東西を山で囲まれた石狩低地帯を通り、日射で暖められた陸地により暖かくなって石狩湾に移流し、沖合の冷たい北よりの風と小樽沖で出会う。

⬅図 7-3　**「高島おばけ」の挿絵**

小樽の沖合を航行する船上から、蜃気楼のイメージである宮殿楼閣を見ている様子が描かれている。(西蝦夷日誌4編、松浦武四郎、1870)

⬇写真 7-1　**「高島おばけ」現れる**

銭函から見た祝津の方向に高島岬とトド岩（右）がある。この日はトド岩が蜃気楼になって大きく見えた。これが松浦武四郎の見た「高島おばけ」ではないだろうか。下段は通常の景色。(4月下旬　12 ～ 13時、小樽市銭函)

⬆写真 7-2　伸び上がるタンク群

発生する気象条件が揃っていたが、夕方になっても発生の気配がなく、あきらめて帰る準備をしていたところ急に対岸の石狩湾新港東のタンク群が変形し、特大規模のものになった。下段は通常の景色。（6月上旬　17時、小樽市朝里）

⬅写真 7-3　工業団地の空中楼閣

この日は、発生する典型的な気象条件ではなかったが、対岸の銭函工業団地に幾重もの反転像が見え、まるで空中に幻の楼閣が現れたかのような特大規模のものになった。下段は通常の景色。（6月下旬　18時、小樽市高島）

第8章

斜里(北海道)の蜃気楼

オホーツクに春を告げる幻氷

まぼろしの氷、と書いて「幻氷(げんぴょう)」。春のオホーツク海で、流氷が上位蜃気楼となって見えることを指す。この美しい響きの言葉は、全国的にも有名だ。

厳冬期に海岸を埋め尽くした流氷は、春になると南風に吹かれて海岸から離れ、あるいは海へとけ出し、徐々に姿を消していく。海明けと呼ばれるこの時期、海水面上には冷気の層が形成されやすく、その上に流れ込んだ暖かい空気との温度(密度)差により、流氷が伸び上がって見える蜃気楼が幻氷であると考えられている。

詳しいメカニズムはまだ研究の途上だが、年ごとに発生日数の変動が大きいようだ。斜里町での幻氷の観測では、2013年に5回、2014年に15回、2015年に1回を確認している。

幻氷の定義とは?

幻氷という言葉は『白いオホーツク―流氷の海の記録』(菊地慶一、創映出版、1973)によって認知されるようになった。網走在住の菊地慶一は、気象台職員とのやり取りの中で、蜃気楼になった流氷を指す言葉として幻氷を知ったという。そして、自身も実際に海明けのころ、厚みのある白い陸地のような蜃気楼を目撃し、幻氷として著書で紹介した。その後、この言葉は新聞報道などでも使われ、広く一般に知られるようになった。

しかし、最近まで科学的な視点からの研究はほとんど行われなかったため、今でも幻氷が紹介されるときにはしばしば間違いが見受けられる。発生メカニズムは上位蜃気楼としながら写真は下位蜃気楼のものが掲載されたり、説明文に上位と下位の蜃気楼の原理・特徴が混在していたりといった具合だ。

最近の研究では幻氷の定義を、流氷が減った春先に暖かい風を伴って発生する流氷の上位蜃気楼、と明確化している(図8-1)。春の訪れを告げる風物詩としての知名度を重視するためである。ときどき幻氷として流氷の下位蜃気楼が間違って紹介されるが、こちらは空を飛んでいるような見え方(図8-2)が印象的だ。また、春先以外にも発生し、上位蜃気楼より規模が小さく見た目の迫力に欠けることが多い。

ほぼ一年中、蜃気楼が見られる！

斜里町では流氷の期間以外にも、上位蜃気楼が見られる。魚津など本州の名所では梅雨入りの影響もあり6月以降に発生が激減するが、梅雨のない斜里では6月以降も継続する。これまでの調査では、７月までは1ヵ月間に5回以上確認でき、その後は減少するものの秋まで発生が期待できる。詳しいメカニズムの研究はこれからであるが、オホーツク海は夏になっても他の海域より水温が低いことなどもあり、条件が整いやすいのではないかと考えられている。

さらには、厳冬期のとくに冷え込んだ早朝などにも上位蜃気楼が発生する。その発生条件は、夜間の放射冷却で雪や流氷上に冷たい空気がたまり、その上の空気層と温度差ができるためだと考えられている。1月後半から２月に流氷が接岸すると、オホーツク海は見渡す限りの白い氷原に姿を変える。この氷原越しに見る対岸の景色や、流氷そのものが上位蜃気楼となる。とくに斜里町は北東方向に伸びる知床半島の根元に位置し（図8-3）、北西の風に吹き寄せられた流氷のたまり場となるため条件が整いやすいと考えられる。

「おおらかな蜃気楼」の町、斜里

斜里町周辺の地形は北向きの湾状で、東西に見渡す海岸が、蜃気楼でさまざまに変化して見える（図8-3）。ただし、沿岸に人工物が少ないためその発生は、やや認識しづらい。変化して見える対象物は地形や水平線、太陽など、自然そのものであることが多く、そのため世界自然遺産知床を有する斜里町ならではの「おおらかな蜃気楼」とも評されている。今後、四季を通じて観察できる展望地として、知名度のアップが期待される。

図 8-1　幻氷

春先に現れる流氷の上位蜃気楼を幻氷という。実像の上に虚像が現れ、霜柱や大陸のように見える。

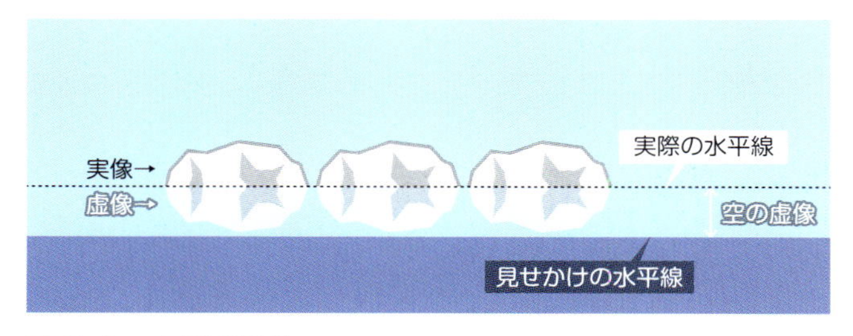

図 8-2　空飛ぶ流氷

流氷の下位蜃気楼。実像の下に虚像が現れ、空も反転像の一部となっているため、流氷が中空に浮かんでいるように見える。このような現象が、ときどき幻氷として間違って紹介されてしまう。

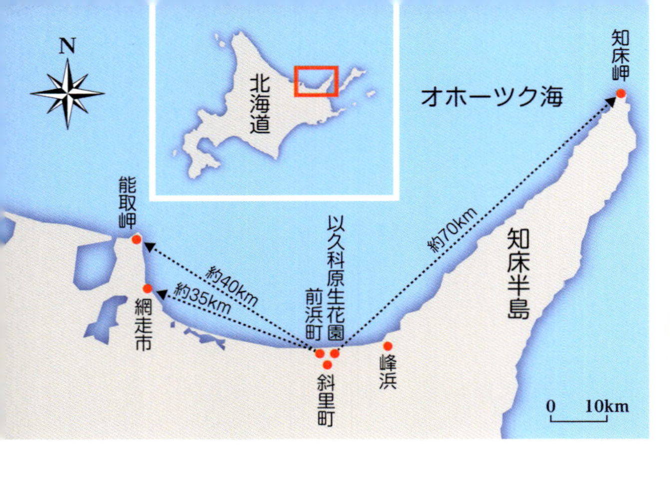

図 8-3　斜里のおもな観測地点と対象物

オホーツク海に面した斜里町では、中心部の海岸から北西方向に網走市街地（約35km）や能取（のとろ）岬（約40km）、また、北東方向には知床半島の海岸線や知床岬（約70km）を見ることができる。

写真 8-1　カラフルな幻氷

幻氷はその時々でまったく違った表情を見せる。これは、流氷の虚像が光の分散（分光）によって色づき、まるで複雑な模様が連なるステンドグラスの壁のように見えた蜃気楼である。（4月下旬　12時、斜里町以久科（いくしな）原生花園）

写真 8-2　厳寒の上位蜃気楼

-15℃以下まで冷え込んだ朝、沖の流氷原と空の境目が霜柱状に伸びはじめ、やがて帯状に連なったダイナミックな蜃気楼になった。（3月上旬　7時、斜里町峰浜）

写真 8-3　網走怪獣と四角い太陽

斜里から約40km離れた網走市能取岬の先端が、上位蜃気楼で変化した。斜里の蜃気楼ウォッチャーは、親しみをこめて「網走怪獣」と呼んでいる。また、この日は夕日も変形し四角い太陽になった。（6月上旬　19時、斜里町前浜町）

写真 8-4　空飛ぶ流氷（下位蜃気楼）

水平線近くの流氷が、空に浮かんで連なって見える下位蜃気楼である。このような現象は幻氷（上位蜃気楼）と区別され、海面が多く見えるタイミングであれば、春先でなくても見ることができる。（2月上旬　8時、斜里町前浜町）

第9章

苫小牧（北海道）の蜃気楼

太平洋側で見つかった はじめての蜃気楼

苫小牧(とまこまい)は北海道の太平洋側に位置し、苫小牧港を中心として工業が盛んな市である。苫小牧沖ではじめて上位蜃気楼が観測されたのは、2002年5月のことだった。それまで北海道の太平洋側で蜃気楼が見られることは、知られていなかったのだ。

その日は、苫小牧港から見て西側の白老町や登別市、室蘭市の方向（図9-1）に、蜃気楼の発生要因となる帯状の層が確認された。まず、苫小牧市の錦岡から白老町社台(しゃだい)の海岸の街並みまでが蜃気楼になった。続いて、白老町にある日本製紙（当時は大昭和製紙）工場の煙突群から発せられる煙が変化した。写真9-1は、そのとき反転像を形成した瞬間のものである。地元の関心は高く、北海道新聞にも写真付きで取り上げられた。

2005年には、苫小牧港から見て東側の、厚真(あつま)町からむかわ町までの方向にも蜃気楼が観測された。このときは、厚真火力発電所も変化した。これにより苫小牧沖から西側、東側の両方向で蜃気楼が観測されることがわかった。

太平洋側でありながら ほぼ毎年観測できる

2006年5月には、これまでで最大規模の蜃気楼が発生した。むかわ町晴海の工業地域や道の駅など広範囲にわたり街並みが大きく変化し、まるで苫小牧東沖に未来都市が出現したかのような様相になった（写真9-3 、写真9-4）。

近年では2013年に、西側が広範囲に変化する中で、観測ポイントから50km以上離れた室蘭市内の測量山（標高190m）や、新日鐵住金の煙突（高さ170m）を含んだ地域一帯の変化が観測された。遠方の広範囲の景色が複雑に変化したことで、まるで海上に幽霊船団が現れたような不思議な光景になった。

確認できた回数や頻度は、魚津や琵琶湖、猪苗代湖、小樽や斜里などと比べるとまだまだ少ないが、太平洋側でありながら、ほぼ毎年観測できる地域であり、確実に蜃気楼の見える街の一つではないだろうか。

蜃気楼シーズンは濃霧との戦い

蜃気楼が見える日本のどの地域でも、実際に出会えるのは非常に幸運なことである。じつは、北海道の太平洋側に位置する苫小牧では、蜃気楼シーズンと呼ばれる春から初夏にかけて、視程のよい晴天日になることが非常に少ない。この季節、南から入り込む湿った暖気が苫小牧沖の海上で冷やされて、濃霧を発生させてしまうのである。6月の日照時間は、気象庁の統計値によると同じ北海道でも、日本海側に位置する小樽市と比べて3分の2にも満たない。そのため、苫小牧で蜃気楼を観測する場合は、まず、予想天気図などを有効に活用しなければならない。

苫小牧市を含む北海道胆振（いぶり）地方は、日本海に中心を持つ高気圧の張り出しに覆われたときに、西よりの風で穏やかな晴天となる。また、沿岸部では東よりの海風になることが多い。そこで、日射により暖められた登別の内陸や山岳部の空気が、風により苫小牧沖へ移流するときに発生するのではないか、ということが数年間の観測から推測できるようになった。現在では、予想される気圧配置や気温をもとに蜃気楼発生の予報を試み、かなりの確率で当たるようになってきている。今後も継続して観測を行い、併せてメカニズムを解明することにより、予報の精度はさらに高まるだろう。

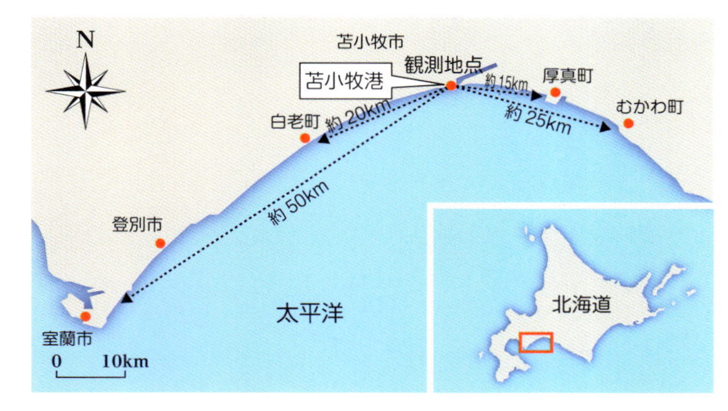

図 9-1　苫小牧周辺のおもな観測地点と対象物

苫小牧港からは、東側に厚真町（約15km）やむかわ町（約25km）、西側に白老町（約20km）や室蘭方向（約50km）を見ることができる。

写真 9-1　白老町方向の反転像

苫小牧港からは西側の白老町方向に製紙工場が見える。帯状になった層の中で、工場の煙突群から発する白煙などが上方に反転している。（5月上旬　15時、苫小牧市）

写真 9-2　火力発電所の変形

苫小牧港からは東側の厚真町方向に火力発電所が見える。この日は、火力発電所の運炭コンベアや石炭サイロなどの施設が変形した。これにより、苫小牧港の東側方向でも蜃気楼が観測できることがわかった。（5月下旬　16時、苫小牧市）

写真 9-3　最大級の蜃気楼（その 1）

苫小牧港から東側に見えるむかわ町晴海の工業地域や道の駅「四季の館」などが、広範囲にわたり大きく変化した。まるで、苫小牧東沖に未来都市の街並みが出現したかのようである。（5月下旬　16時、苫小牧市）

写真 9-4　最大級の蜃気楼（その 2）

写真9-3から約20分後に同じ方向を撮影した。コンクリート工場（矢印）が上方に反転している（実景は右下）。また、右側の遠い距離にある街並みは3像化している。（5月下旬　16時、苫小牧市）

写真 9-5　室蘭に幽霊船団出現

観測ポイントから西側に50km以上離れた、室蘭方向の蜃気楼である。この日は視程がよく、遠方ではあるが岬の地形や工業地域の高い煙突などが複雑に変化し、まるで幽霊船団が現れたような不思議な光景となった。（5月中旬　15時、苫小牧市）

第10章

猪苗代湖(福島県)などの蜃気楼

内陸の湖で次々と蜃気楼を新発見

東北には猪苗代湖（福島県）をはじめ、十和田湖（秋田・青森県）や田沢湖（秋田県）などの湖があり、多くの観光客が訪れている。どの湖も森と水に恵まれ、四季を通じて美しい姿を見せてくれる。このような神秘的な湖に、ときとして上位蜃気楼が現れることが、近年の観測ではじめて明らかになった。

野口英世も見た？猪苗代湖の蜃気楼

猪苗代湖（図10-1）は、福島県のほぼ中央に位置し、日本で4番目に大きい湖である。周囲は約50kmで、湖面が鏡のように天を映すことから、別名を天鏡湖ともいう。北側には会津富士と呼ばれる磐梯山があり、湖岸からわずかな距離に野口英世の生家が今も残る。英世の母は、猪苗代湖でエビなどを捕り収入を得ていた。幼き日の英世も、蜃気楼を見ていたかもしれない。

猪苗代湖の蜃気楼は、以前は知られていなかったが、2002年にはじめて出現が確認された。その後の観測の結果、3月から6月にかけて発生することがわかった。そのほとんどは午前中だが、まれに早朝や午後、夜間にも現れる。

猪苗代湖で蜃気楼が発生しやすいのは、その前々日あたりから連続して天気がよく、風が継続的に5m/s以下のときだ。前日の夜間から当日の早朝にかけて、放射冷却による冷気が山肌を下降し、長瀬川沿いに流入することで冷気層が形成されると思われる。しかし、上暖下冷の空気層がどのような条件で形成されるか、その詳細はまだ明らかになっていない。発生する前の雰囲気を一言でいうと「もやっとしている」と表現でき、このような状況のときに蜃気楼の発生が期待できる。

十和田湖でも発見！

秋田・青森の両県にまたがる十和田湖は、奥入瀬(おいらせ)渓流とともに有名な観光地だ。周囲は山に囲まれ、お盆のような形状をしている。十和田湖でも蜃気楼の発生は知られていなかったが、近年になって確認された。蜃気楼の展望地としてはやや条件が悪く、建物や目印になる対象物が少なくて、蜃気楼を見るのに必要な8km程度の距離が取れる場所も限られている（図10-2）。観測地点としては、2方向同時に観測ができ、湖畔に容易にアクセスできるなどの条件を満たしている銀山が最適である。ここからは、子ノ口や休屋を見ることができ、これまで5月に2回の発生を確認した。今後、継続した観測によって発生期間がはっきりすると考えられるが、猪苗代湖と同様に3月から6月くらいのように思われる。

ごく短い距離でも確認―田沢湖

田沢湖は日本で最も深い湖である。周囲を山に囲まれお盆状の地形であるが、直径が最大で約6kmしかない小さな湖である（図10-3）。各地の湖で蜃気楼が発生している場所は、対象物までの距離が8km以上あるため、田沢湖で発生する可能性は低いと思われていた。しかし、観測の結果、2013年に小規模ながら発生を確認した。また、絶好の気象条件であった2015年5月には、短時間ではあるが春山から相内潟や潟尻方向に2度目の蜃気楼を確認した。さらに、観測地点からわずか2.3kmという過去に例のない短い距離でも発生を確認した。

蜃気楼を見るには、春山から相内潟、潟尻を見るのが一番よいと考えられる。ここからは、坂道や階段を利用して高さの違いによる変化を楽しむことができる。

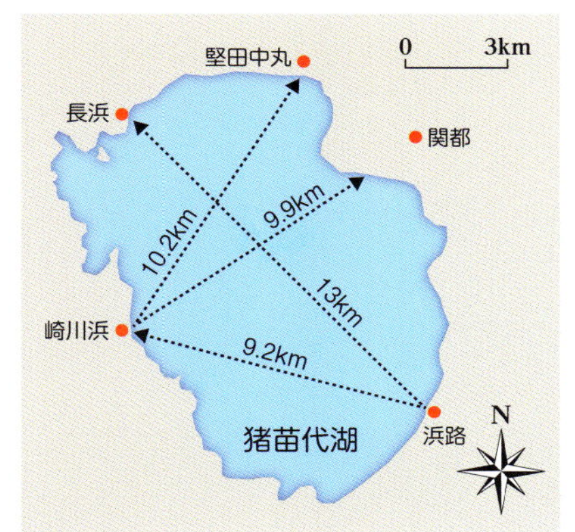

図 10-1
猪苗代湖のおもな観測地点と対象物
崎川浜や浜路から観測した場合、視界が広くほぼ180度を見渡すことができる。長浜から堅田中丸にかけては、国道を走る車や周辺の多くの建物が多彩に変化する様子を楽しむことができる。また、航行する遊覧船やモーターボートが変化するのも面白い。

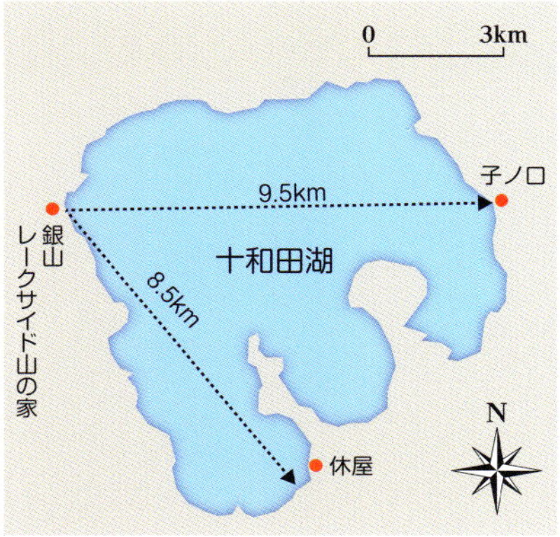

図 10-2
十和田湖のおもな観測地点と対象物
銀山から観測する場合、樹木が視界を遮るため、湖岸まで出ないと子ノ口、休屋方向を見ることができない。観光シーズンには遊覧船が運行しており、背景と合わせて多彩な変化が期待できる。

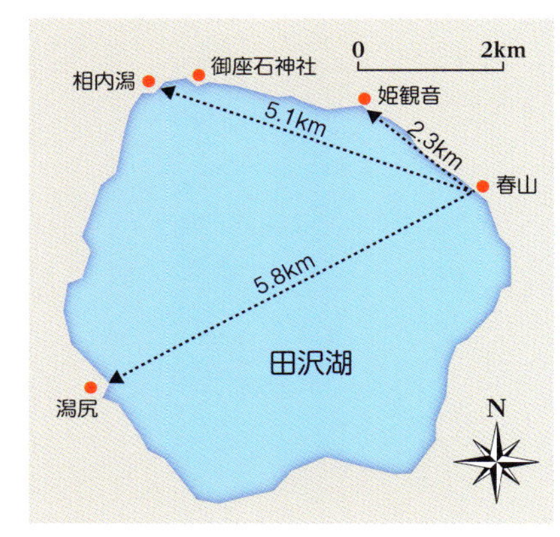

図 10-3
田沢湖のおもな観測地点と対象物
湖がほぼ円形で小さいため、春山から観測した場合、全体を見通すことができる。湖岸に建物は少ないが、御座石神社の赤い鳥居が変化すると神秘的かもしれない。

内陸の湖で蜃気楼を見るのに必要なこと

天気図などの気象データからある程度、蜃気楼の発生を予測することは可能である。しかし、より高い確率で見たいと思うと気象データとは異なる何か、局地的な大気の特徴を見つける必要がある。とくに内陸の湖での観測にはそれが重要だ。工場や野焼きから出る煙の様子、雲の動き、木々の揺れ具合、水面の変化など、これらを感じながら、一般的な気象情報には現れない局所的な特徴を記憶に刻み、蓄積することが必要である。見られなかったときの様子も記録し、これらの経験を活かすことで、より高い確率で蜃気楼に出会うことができるだろう。

写真 10-1　上方に反転した遊覧船（猪苗代湖）

13km先の猪苗代町長浜の遊覧船の「かめ丸」（左）や「はくちょう丸」（右）が、上方に反転している。このように大きく変化する様子はなかなか見ることができない。（5月下旬　11時、郡山市湖南町浜路）

写真 10-2　蜃気楼とモーターボート（猪苗代湖）

9.2km先の会津若松市湊町崎川浜の家並みや松林が変化している。太陽光の向きを考えると、午前中の観測・撮影地点は湖南町浜路が適している。（5月上旬　9時、郡山市湖南町浜路）

写真 10-3　虹色の蜃気楼（猪苗代湖）

9.9km先の猪苗代町関都方向の様子である。この日は猪苗代湖の北岸全体が変化し、対岸に虹色の帯が現れた。変化しているのは防雪柵。まるでワニが口を開けているようだ。（4月上旬　10時、会津若松市湊町崎川浜）

写真 10-4　複雑で多彩な変化（猪苗代湖）
10.2km先の猪苗代町の国道49号線堅田中丸交差点方向の蜃気楼である（上）が、実景（下）がわからないくらい大きな変化をしている。このような変化は、発生の終盤に現れることが多い。（4月下旬　10時、会津若松市湊町崎川浜）

写真 10-5　子ノ口の蜃気楼（十和田湖）
9.5km先の十和田湖畔子ノ口の様子である。港に接岸中の遊覧船の下部と岸壁が、上方に変化している。ボート上に見える黒い棒状のものは、蜃気楼になった釣り人の姿。（5月下旬　11時、小坂町十和田湖銀山）

写真 10-6　不思議な双胴遊覧船（十和田湖）

休屋方向に見える7km先の双胴遊覧船を、正面から見たところ。遊覧船の下部が多像化している。水面に見える破線状の像は波頭が蜃気楼になったものと考えられる。（5月下旬　11時、小坂町十和田湖銀山）

写真 10-7　相内潟の蜃気楼（田沢湖）

5.1km先の御座石神社方向にある集落で、9時半すぎに変化がはじまり、湖岸から青い屋根の高さまでが板塀状に変化した（上）。しかし、わずか20分ほどで通常の景色（下）に戻ってしまった。（5月下旬　10時、仙北市田沢湖田沢春山）

写真 10-8　最短距離での出現（田沢湖）

御座石神社方向を撮影していると、きわめて近い姫観音付近まで変化したので、あわててシャッターを切った（上）。対象物までの距離2.3kmと、最短距離での出現である。下段は実景。（5月下旬　10時、仙北市田沢湖田沢春山）

第11章

大阪湾と日本各地の蜃気楼

大阪湾と富山湾は似ている？

大阪湾の地図を逆さにして富山県の地図と並べると、淡路島があるかどうかという違いはあるが、湾の大きさや湾の入口が少し狭くなっていること、湾の奥に広い平野が広がっていることなど、似た点がある。それなら、大阪湾でも上位蜃気楼が発生するのではないか――。実際に、写真11-1のようなやや四角く変形した夕日を撮影したことや、一般の方から「撮影した写真が蜃気楼ではないか」との問い合わせが大阪市立科学館に持ち込まれたこともあった。

そこで定点観測を行ってみると、大阪湾でも毎年春に数回～十数回、発生していることが確認された。現在のところ、日本国内で定常的に蜃気楼の発生が確認されている場所は、大阪湾が最南である。

褐色の空気層が発生の前触れ

一般に、蜃気楼が発生しているときには、局所的に強い逆転層ができて、空気がほとんど対流しなくなる。そのため、大阪湾で発生しているときには、海面近くに褐色の空気の層が現れることが多い（写真11-2）。これは、都会の空気が対流せずによどんでいるのを、遠くまで見通したためである。このため、大阪湾ではこのような褐色の層が現れはじめると、その後、蜃気楼が発生することが多い。

大阪湾の沿岸には工場や港湾施設が多く、海岸まで出ることのできる場所は限られている。そんな中、大阪南港野鳥園（開園時間9～17時、入場無料、水曜休園）はお勧めの観測地点の一つで、屋内から蜃気楼を観測することができる。ここから西に約34kmのところには明石海峡大橋があり、発生するとメインケーブルや橋桁などの変形を楽しむことができる（写真11-3、11-4）。同じく西に約16kmのところに神戸空港があるが、最近は埋め立て地の拡張で、見えづらくなってきている（図11-1）。

本州で他に蜃気楼の見えるところは？

本州では、各章で紹介した以外にも観測例のある場所がある。定常的ではないが、たとえば石川県輪島市の北約20kmにある七ツ島が変化したり、福島県大熊町や茨城県鉾田市の海岸沖で航行する船が変形したりした報告がある。また、内陸においても、盆地などで放射冷却による冷気が地表付近にたまり、発生した観測例がある。

　昔の文献には、蜃気楼が見られた場所がいろいろと書かれている。たとえば、江戸時代には、青森県下北半島、秋田県八郎潟、岩手県山田湾、新潟県糸魚川市、三重県四日市市や桑名市、山口県の南東部海岸で見られたと伝えられている。明治時代には、愛知県常滑（とこなめ）市や静岡県榛原（はいばら）郡などが、発生地として紹介されている（『自然界の秘密』、山田悦次郎、1906）。地形や気象の変化などにより、現在は発生していないか、あるいは発生していても誰も気づいていないのかもしれない。まだまだ私たちの知らないところで蜃気楼が発生している可能性は高い。

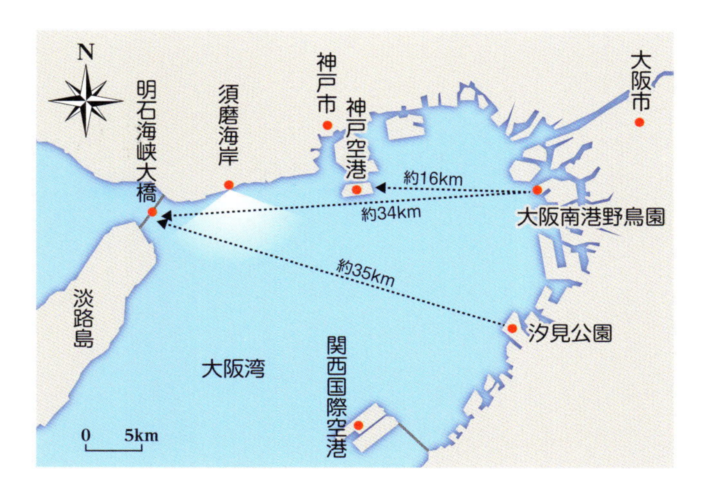

図 11-1　大阪湾のおもな観測地点と対象物
観測地点としては、大阪南港野鳥園がお勧めである。また、須磨海岸からも見ることができる。大阪南野鳥園から神戸空港は約16km、明石海峡大橋は約34km、また、汐見公園から明石海峡大橋は約35kmである。

北海道で次々に確認される蜃気楼

　北海道では、各章で紹介した以外にも、発生する場所がたくさんある。たとえば、春から初夏にかけての暖かい時期には、宗谷海峡、根室海峡などで見られる。また、冬の寒い時期には、風蓮湖や釧路湿原などの結氷した湖面や内陸地でも見られる。さらには、札幌市・手稲山頂付近から、100km以上離れた日高山脈と大雪山系の山並みが蜃気楼になって見えたこともある。まだあまり報告がされていないだけで、じつは北海道ではもっといろいろな場所で、発生しているのではないだろうか。

写真 11-1　大阪湾の四角い太陽
夕方、明石海峡大橋方向に沈む太陽がやや四角く変形している。四角い太陽は蜃気楼の一種であり、これをきっかけに大阪湾でも発生することがわかってきた。（4月下旬　19時、泉大津市汐見公園）

⬆写真 11-2　大阪湾の船が変形

夏になると海水浴客で賑わう兵庫県神戸市の須磨海岸では、春には蜃気楼を見ることができる。対岸は霞んで見えなかったが、数km先を航行する船が大きく変形している。褐色の空気層もはっきりわかる。（5月下旬　15時、神戸市須磨海岸）

写真 11-3　明石海峡大橋の変化

明石海峡大橋は、大阪南港野鳥園から34kmほど離れている。蜃気楼が発生すると、高さ約300mの主塔にかるメインケーブルが波打ったり（上）、橋桁が変形したり（下）して見える。（6月上旬　16 ～ 17時、大阪市大阪南港野鳥園）

写真 11-4　明石海峡大橋や神戸空港の変化

大阪湾に蜃気楼が発生すると、明石海峡大橋やその手前の神戸空港なども変化する。これは定点観測カメラで撮影したもの。明石海峡大橋の変形だけでなく、その手前の建物や神戸空港の施設が、上方に大きく伸びている様子がわかる。（3月中旬～ 5月中旬、大阪市大阪南港野鳥園）

第12章

八代海（熊本県）の不知火

不知火の伝説とその発生条件

ここでは、まだ正体のわからない、蜃気楼と考えられる有名な伝承を紹介しよう。熊本県宇城市不知火町に面した八代海（不知火海ともいう）では、特定の日の夜に不知火という怪火が出現することが昔から知られている（図12-1）。不知火とは、海上にともる火（漁火などの光源）を親火として、それが左右に分かれたり、水平線上に連なったり、上下に分火（分裂）したりして見える現象で、蜃気楼の一種と考えられている（写真12-1）。不知火の発生条件は、旧不知火町役場が発行した観光パンフレットによると次の通りである。

- 旧暦の８月１日（八朔）の午前1～3時ころにかけての干潮時に発生する。
- 晴天で昼夜の気温差が大きいほど現れやすく、雨や風の強い日には現れない。

しかし、不知火については不明な点も多い。親火が上下に変化する場合は蜃気楼と同じように説明がつくが、水平方向に変化するには横方向の温度変化が必要で、それを生じさせる要因は明らかではない。定点カメラを使った観測（第17章参照）などを行えば、新たな発見があるのはきっと間違いないが、本書刊行時点では研究の空白地帯となっている。調査・研究を行う挑戦者の登場が待たれている。

図 12-1　不知火の見える方向

不知火は永尾神社や天の平農村公園から見て、沖合（14km）の三ツ島（北島、中島、南島）や上天草市阿村（20km）方面にかけて見ることができる（「不知火観望マップ」より）。

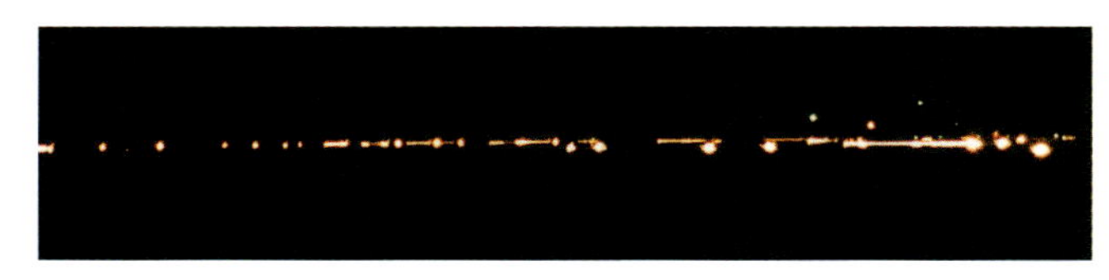

写真 12-1　八代海に出現した不知火といわれる写真

1988年９月13日2:50に宇城市教育委員会（旧不知火町教育委員会）が、永尾神社境内から上天草市方向の海上を撮影したもの。親火（光源）が分裂して、水平方向に連なっているように見える。

第13章

中国・蓬莱の蜃気楼

中国の歴史上の記録

蜃気楼の語源は、紀元前90年ころに中国の歴史家、司馬遷によって編さんされた『史記・天官書』の「海旁蜃気象楼台」という一節に由来している。現在、中国では蜃気楼のことを海市蜃楼（ハイシーシェンロウ）というが、語源は同じである。

また、中国の歴史では、秦の始皇帝（紀元前259年〜紀元前210年）が巡視の際、黄海で蜃気楼を見たという記録がある。このとき、徐福が始皇帝の命を受け、東方の海上にあるとされる蓬莱、方丈、瀛州の三神山へ、不老不死の仙薬を探しに出たという逸話がよく知られている。

蓬莱市の蜃気楼

蓬莱市は、渤海・黄海に面した山東半島の北に位置している（図13-1）。この地は古くから蜃気楼が見られる珍しい場所であったことから、想像上の仙境である蓬莱という地名になった。現在でも中国では、蜃気楼が発生する場所として有名だ。

蓬莱市で発生する蜃気楼は、約7 〜 13km北方に位置する長山列島の景色が変化する。その頻度は年に数回と少ないが、規模は大きいといわれている。現在では、蓬莱市の貴重な観光資源にもなっており、観光ＤＶＤやお土産品が販売されている（写真13-1）。

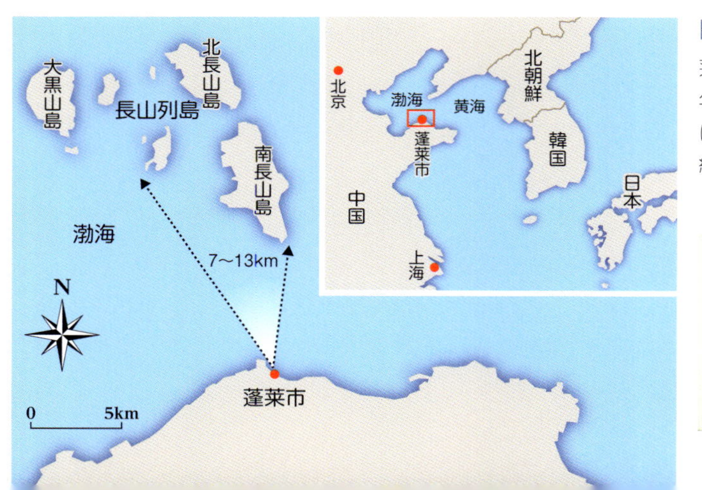

図 13-1　中国・蓬莱市の位置と蜃気楼になる長山列島

蓬莱市（山東省）には歴史的に貴重な蓬莱水城や蓬莱閣などがあり、年間約200万人が訪れる観光都市として有名である。また、2006年には蜃気楼が縁となり、富山県魚津市日中友好協会と友好交流の協定を締結している。

写真 13-1　蜃気楼の観光ＤＶＤ

蓬莱市の土産店には、蜃気楼の観光ＤＶＤや蜃気楼が描かれた扇子などさまざまなものが売られている。

第14章

世界と南極の蜃気楼

世界各地に出現 ——ファタ・モルガナ

日本や中国といった東洋から、世界各地へと目を向けてみよう。西洋では蜃気楼は神の国や異世界との接点、あるいは妖精や怪異の類いとして、各地で伝承されてきたようである。

『太陽からの贈りもの』（ロバート・グリーンラー、小口高・渡邉堯訳、丸善、1992）によれば、イタリアのメッシナ海峡に時折現れる複雑な上位蜃気楼には、何世紀も前にファタ・モルガナ（イタリア語で妖精モルガン）の名前が付けられ、その後、蜃気楼の一般的な名称になったとされている（図14-1）。ファタ・モルガナのように壮大なものの記録は、ヨーロッパ各地に残されている。

蜃気楼の存在は18世紀末になり、科学的な報告として発表されるようになった。『蜃気楼文明』（ヘルムート・トリブッチ、渡辺正訳、工作舎、1995）から２つの事例を紹介する。1つは英国のＳ．ヴィンス教授が1798年にドーバー海峡で見た2像型・3像型のものである。上位蜃気楼の別名「ヴィンスの現象」は、彼の名前にちなんでいる。もう1つは、大陸移動説を唱えた地球物理学者、Ａ．ウェーゲナーが20世紀はじめころにグリーンランドで観測した報告である。写真やスケッチとともに気象観測データも載せた論文として発表され、正確な計算もはじめて行われている。

ヨーロッパ以外でも、北米大陸ではアラスカやカナダ、五大湖周辺、また、極東では中国（第13章参照）やロシア、朝鮮半島、さらに北極域や南極域など、世界各地に目撃例がある。

南極の蜃気楼

南極は、氷だらけの寒冷な世界である。放射冷却や冷たい気流によって地上付近に逆転層が頻繁にできるため、蜃気楼は比較的よく現れるようだ。昭和基地のある南極大陸沿岸の東オングル島からは、晴れて冷え込む微風の日には沖合の氷山が上方に反転して浮かんだり、変幻したりする非現実的な光景を堪能できる。また、蜃気楼が非常にクリアに見えることが大きな特徴である。これは、南極の大気が清浄で、細かい塵や水蒸気量が少ないためだ。

極寒の日には長時間継続することが多いのも特徴の一つである。夕方までずっと見えていれば、日没のころには一段と荘厳な光景が広がる。日没後に暗くなり見えづらくなっても、月が明るい晩ならば月下の蜃気楼に遭遇できることもある（写真14-3)。

四角い太陽とグリーンフラッシュ

南極では、いろいろな地点からいろいろな方向に蜃気楼が見える。また、極夜（太陽が出ない期間）の季節の前後は、朝日が昇る方角や夕日が沈む方角が時期によりがらりと変わり、太陽の出入りが非常にゆっくりである。このように条件の恵まれた南極では、ときとして朝夕に発生する蜃気楼と太陽が驚嘆すべき光のショータイムを展開する。南極に発生する強い逆転層が、太陽の形を変えてしまうのだ。中でも丸いはずの太陽が見る間に形を変えていき、やがて完全に四角くなった瞬間のインパクトは大きい。

さらに、夕日の一連の変形において、最終局面でグリーンフラッシュ（緑閃光（りょくせんこう））が見られる場合がある（写真14-6)。この美しい現象は、太陽光が地球の大気層でわずかに屈折し、プリズムのように色の成分に分光されて起こる。屈折が大きな緑色の光が、太陽の上端に一瞬、わずかに見えるものだ。通常であれば緑の光は途中で散乱・減衰してしまうが、地平線まで空気が非常に澄んだ条件においては見られるのである。さらに、南極ではもっとまれなブルーフラッシュやバイオレットフラッシュの写真も撮影されているが、目撃者は世界中でも限られている。

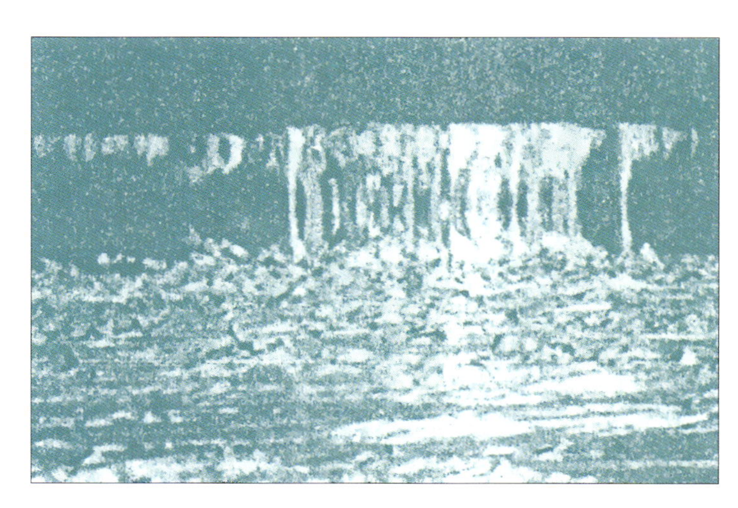

図 14-1　北極海の氷上のファタ・モルガナ
アーサー王の異母妹である妖精モルガンは、蜃気楼を作り出すと伝説でいわれており、イタリアの詩人は波の下の水晶宮に住む妖精と詠った。ファタ・モルガナはメッシナ海峡の複雑な蜃気楼のことだったが、今は場所にこだわらない呼び名となっている。(『太陽からの贈り物』、ロバート・グリーンラー、丸善、1992)

写真 14-1　**不条理な氷山**

西の氷原に、氷山が上方に反転して浮かんで見えた。くっきりとした切れのよい蜃気楼の虚像を眺めていると、非現実の世界に引き込まれそうである。（10月下旬　9時、南極・昭和基地）

写真 14-2　夕映えの南極大陸と月

秋が深まる4月、北北東に見える氷山や氷の崖が夕日を浴びながら変化した。昇ったばかりの月も彩りを添えてくれている。この日は、昼前から夕方まで5 ～ 6時間出現していた。(4月上旬　16時、南極・昭和基地)

↑写真 14-3　月光のファタ・モルガナ

極夜で冷え込んだ7月のある日、月光であたりがうっすらと見える中、氷の壁がそびえるような蜃気楼が発生した。昭和基地から北方向に15秒間シャッターを開けての撮影である。（7月上旬　4時、南極・昭和基地）

←写真 14-4　不思議の国の太陽

極夜が近づく5月のある日、昼でも高くまで昇らない太陽とのコラボレーションが見られた。北方向の氷山が上に伸びて魔法の国の塔のようになり、その上に圧縮された不思議な形の太陽が輝いた。（5月下旬　11時、南極・昭和基地）

⬅写真 14-5　四角い太陽

1ヵ月半もの極夜が明けて太陽が戻ってきた。冷え込みの厳しい日が続く8月下旬、この日の外気温は-36℃であった。北西の氷原に沈む夕日が変形し、四角い太陽になった。（8月下旬　16時、南極・昭和基地）

⬇写真 14-6　グリーンフラッシュ

8月のある日、昭和基地から北西方向に沈む太陽が七変化ショーをはじめた。四角い姿から帽子のような形へと変化し、最後の一瞬に緑の閃光（グリーンフラッシュ）が放たれた。鮮やかな光は消えたあとも、しばらく瞼の裏に残っていた。（8月下旬　17時、南極・昭和基地）

第15章

天気予報を利用して、東京から日帰りで蜃気楼を見に行こう

行きやすくなった名所・魚津

北陸新幹線のおかげで、東京に住む人にとっても、上位蜃気楼の名所である富山湾・魚津は、ぐっと身近になった。朝の天気予報を確認したあと新幹線に乗れば、昼には魚津に到着することができる。魚津ではおおよそ午前11時〜午後4時に現れることが多い。新幹線なら、東京と魚津の間はおよそ3時間であり、日帰りでゆったりと蜃気楼を楽しむことができるようになった。図15-1のような天気図のときは、魚津で蜃気楼が発生しやすいといわれている。天気図はテレビの天気予報やインターネットで見ることができる。ポイントは3つ。①富山県が高気圧に覆われていること。②高気圧の中心（高やHのマークが書かれている場所）が富山県よりやや東側にあること。③低気圧が西から近づいてきていること。すべてを満たす必要はないが、このようなときに蜃気楼に出会える確率は高くなる。

その理由を簡単に説明する。高気圧に覆われているときは、夜から朝にかけて放射冷却で冷え込み、一方で昼間は晴れて気温が上がる。この気温差によって発生しやすくなる。また、高気圧の中心が東へと離れ、西から低気圧が近づいているときは、風が生じる。冷たい空気の上に暖かい空気が風に乗って流れ込むと、蜃気楼は現れることが多いので、微風はあった方がよい。ただし、等圧線（高気圧と低気圧の間の線）が何本もあり間隔が狭いと強風が吹いてしまい、発生は難しくなる。

天気予報では天気図と併せて、天気マーク（晴れがよい）、気温（最低・最高の気温差が大きい方がよい）、風の強さ（微風がよい）をしっかり確認することが大切である。

図15-1　**魚津で蜃気楼を見た日の天気図（5月18日12時）**
魚津では、日本の東に中心を持つ高気圧にゆるやかに覆われて、朝と昼の気温差が大きくなった（tenki.jpより）。

実際に魚津へ行ってみよう

実際に新幹線を使って、東京から魚津へ蜃気楼を見に行くタイムテーブルを紹介する。いつもより少しだけ早起きをして、当日の天気予報を確認したのち、朝8時台の新幹線に乗ると昼頃には魚津に到着できる。この例では、新幹線の最寄り駅である黒部宇奈月温泉駅からはレンタカーを利用しているが、電車を乗り継いで魚津まで行くこともできる。

タイムテーブル

午前 6:00ころ　当日の天気予報を確認
午前 8:00ころ　東京駅で新幹線に乗車
午前10:30ころ　黒部宇奈月温泉駅に到着
午前11:00ころ　レンタカーで魚津に到着

蜃気楼が見えた！

蜃気楼は気象条件が微妙に変化するだけで、見えたり見えなかったりする。これまでの試行実績では、出会えた確率は50％と、2回に1回である。蜃気楼を見ることができた5月のある日の状況は、次のようなものだった。

その日、魚津は最低気温がおよそ10℃と冷え込んだ。一方、昼間は晴れて25℃近くまで上がり暑くなった。蜃気楼の展望地「海の駅蜃気楼」に到着したときには、海風が強かった。強い日差しの中、ヒンヤリとした風が肌に心地よかったのを覚えている。このときはまだ見えなかったが、周りを見るとカメラを構えた人たちは対岸を眺め続けていた。すぐにあきらめてはいけないと思い、じっと待ち続けることにした。しばらくたつと、ふと風が弱まり、風上からは、むわっとした暑い空気が流れてくるのを感じた。その瞬間、蜃気楼が現れた（写真15-1）。対岸にはグレーがかった濃く青い空気の層ができ、その中で景色が刻々と変わっていく様子に大きな感動を覚えた。

このように、風の向きや強さがほんの少し変わるだけで、状況は一変する。現地についたら、しばらく待つことが必要である。蜃気楼がよく発生する時期は、日差しが強くなるころなので、日傘や帽子は必ず持参したい。水分補給も忘れてはいけない。また、蜃気楼は遠くに見えるので、双眼鏡があると便利だ。動く様子は、写真で見るのとは違う感動があるので、ぜひ実際に見に行ってほしい。

写真 15-1　魚津で見た蜃気楼

朝の天気予報を確認してから、新幹線で出かけて見た蜃気楼。魚津から黒部市生地方向の護岸堤と海が上方に反転している。また、沖を進む船も反転し、幻想的な景色となった。（5月中旬　12時、富山県魚津市）

コラム❷

蜃気楼の見かけの大きさ

蜃気楼は、光が温度の境界層で連続して屈折することで起こる現象だ。しかし、屈折の程度は非常に小さいため、光はさほど大きく曲がることはない。それでは、その見かけの大きさとは、どれくらいなのだろうか。

写真C2-1の左は、富山県魚津市から黒部市生地方向に発生した蜃気楼（対象物までの距離は約8.5km）。右は同じ倍率のカメラで撮影した月である。2枚を比べてみて、蜃気楼による景色の変化は大きくないとわかるだろう。肉眼で見る月は案外小さく、月を見るときの視角（どれくらいの角度で見えているかを表す値）は0.5°程度しかない。5円硬貨を片手に持ち、腕を伸ばした状態で、月はその穴の中に入ってしまう。蜃気楼が発生したときの景色の伸びはさらに小さく、せいぜい0.1°～0.3°しかない。つまり、伸ばした腕の先にある5円硬貨の穴の中で変化するわずかな現象を見るようなものだ（図C2-1）。そのため、蜃気楼や月を詳しく観察したり撮影したりするには、双眼鏡や望遠レンズが必要となる。

第1章「蜃気楼はなぜ見えるのか？」で示したように、蜃気楼の解説では光が曲がる様子を描いた図がよく用いられる。もちろん間違いではないのだが、蜃気楼として見ている対象物までの距離が10km程度であるのに対して、温度の境界層の高さは、海面からせいぜい数m～十数mである。このため、解説の図ではわかりやすく説明できるよう、水平方向の距離に対し、高さを数百倍に拡大・誇張している。蜃気楼を理解するには、この点にも注意が必要だ。

写真 C2-1　蜃気楼と月の大きさの比較
2枚の写真は比較のため、蜃気楼と月を同じ倍率のカメラで撮影している。

図 C2-1　蜃気楼になって見える角度（視角）
五円玉の穴の直径は0.5cmである。手を伸ばした長さを約50cmとすると、その視角は約0.6°となり、蜃気楼も月も穴の中で見ることができる。

第3部 蜃気楼を研究しよう!

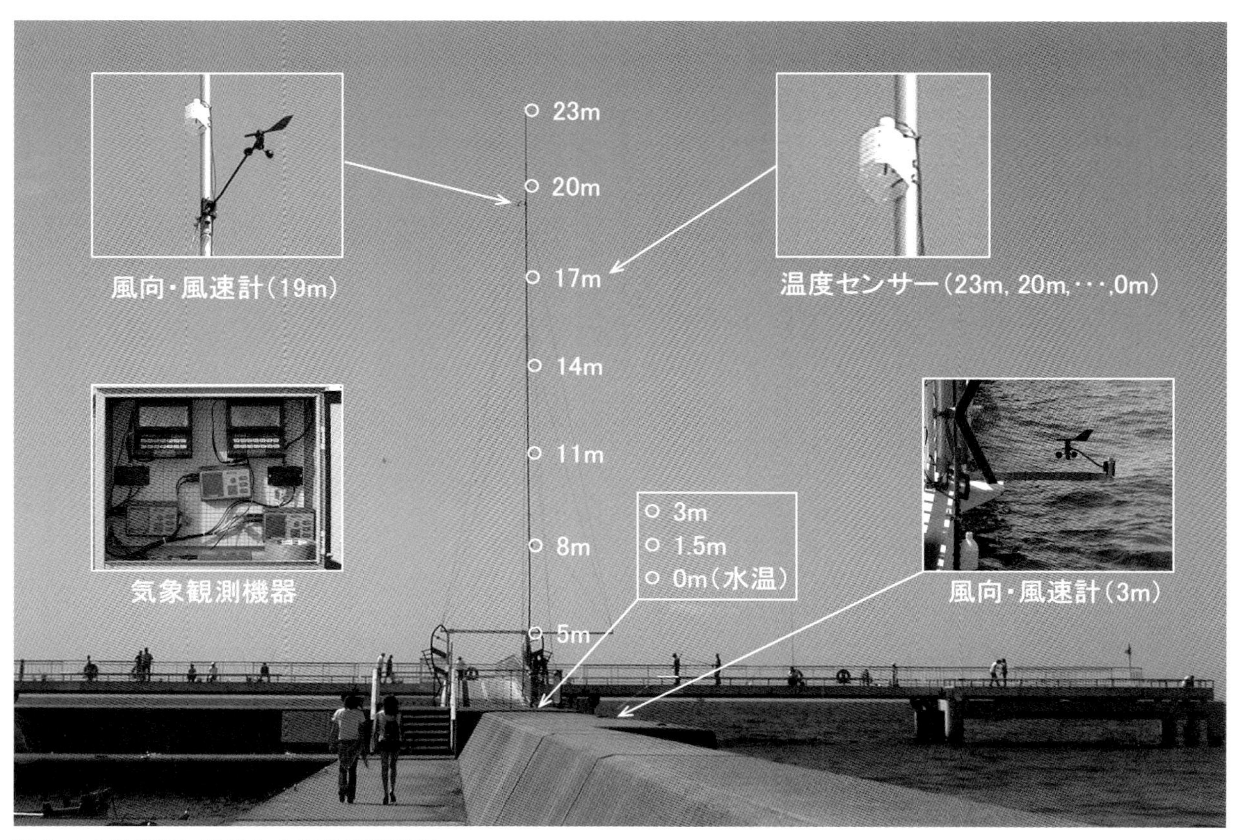

海上のつり桟橋に設置した気象観測装置

蜃気楼発生時の気象の変化を調べるために設置した観測装置。気温、海面水温、風向・風速を自動計測できる。
(富山県黒部市、石田フィッシャリーナ・つり桟橋)

第16章

蜃気楼メカニズム研究の最前線 ――富山湾での調査

大正時代から続いた古い学説 ――冷たい雪解け水説

日本では蜃気楼の見える場所として富山湾、とりわけ富山県魚津市が有名である。近年の調査・研究で、蜃気楼が発生する条件は、暖気層と冷気層の温度差は1～4℃程度、温度の境界層の高さは数m～十数m、温度の境界層の厚みは数m程度であることがわかっている。

それではなぜ、上暖下冷の空気層が形成され蜃気楼が発生するのか。本章では、これまでにわかってきたその発生メカニズムを紹介する。

日本で蜃気楼が科学的に研究されるようになったのは、大正時代のことだ。その研究は、たとえば手こぎ舟に高さ3m程度の棒を立てて気温の鉛直分布を測定したり、河川の勾配や月ごとの平均海面水温、富山の平均気温等のデータを調べたりするという、現代の水準から見ると素朴なもので、時刻ごとや地点ごとの詳細なデータなどは望むべくもなかった。その結果、3000m級の立山連峰を背景とする富山の特有な地形と関連づけて、「冷たい雪解け水説」と呼ばれる学説が誕生した。それは、春になると北アルプス立山連峰の冷たい雪解け水が、一気に河川や地下浸透によって富山湾に流れ込み海水を冷やし、海面付近の空気が冷やされて上暖下冷の空気層が形成されるというもの。以後、この説は最近まで広く一般に信じられることになった。しかし、近年の調査・研究により、富山湾以外でも蜃気楼が発生することや、衛星画像などで確認しても発生する時期の富山湾の海面水温は、周辺の海域と比べ特段に低くないことが判明し、「冷たい雪解け水説」には疑問が投げかけられるようになった。

近年の研究から解明された事実

大正時代以降、科学的に研究する取り組みはそれほど多くなかった。しかし、2000年以降、教育や観光、地域振興などを目的として、蜃気楼が注目されるようになり、その研究は大きく前進した。

(1) 発生日の風向、風速の特徴

アメダス等の気象データからは、蜃気楼が発生しているときの一般的な気圧配置は移動性高気圧の圏内で、気圧の傾きはゆるやかになることがわかっている。このとき、富山湾

沿岸では海風が吹き、魚津では3m/s程度の北北西〜北東に偏った風となる傾向にある（**図16-1**）。

(2) 気温の鉛直分布を調べる

観測地点のある魚津と観測対象となる生地（黒部市）のほぼ中間に位置する石田フィッシャリーナ・つり桟橋（**写真16-1**）において、海面から高さ30mまでの気温の観測を行った。これらのデータから、驚くべきことに「冷たい雪解け水説」とは異なる事実がわかった。蜃気楼が発生するときは海面付近の空気が冷やされるのではなく、むしろ暖気が上層に移流してくることが判明したのである（**図16-2**）。

それでは、この暖気はどこから供給されるのだろうか。風上での気象データも併せて分析した結果、新潟沖の日本海から吹く比較的冷たい空気が、黒部平野の陸地によって暖められ、それが富山湾へと流れ込むことがわかってきた。さらに、生地、魚津、水橋（富山市）の沖でも気温の鉛直分布を観測した。その結果、蜃気楼の発生時は、生地から水橋に向けて風が吹き、温度の境界層は徐々に高くなっていくことがわかった。このことが、魚津では建物の2階以上からは蜃気楼を確認しにくいが、水橋では比較的高い位置からでも蜃気楼を確認できる理由である。

(3) 光路計算と画像シミュレーション

新たに判明した気温の鉛直分布を活用して、徐々に屈折していく光路を数値計算し、魚津の観測地点から生地方向に見える蜃気楼像をシミュレーションによって再現することを試みた（蜃気楼シミュレーションの基本的な考え方は

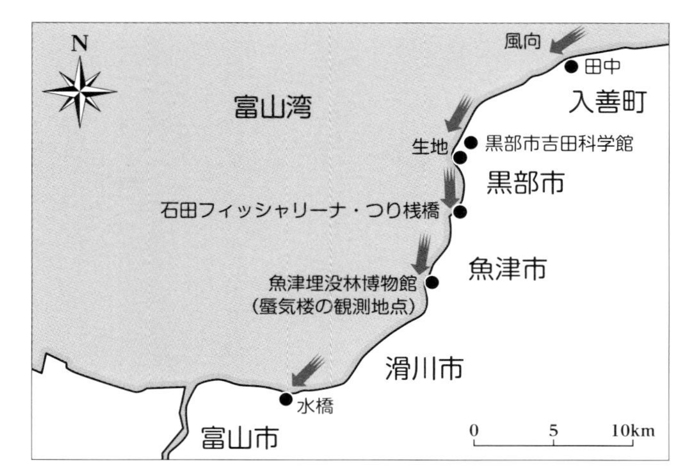

図 16-1　蜃気楼発生時に富山湾東部沿岸で吹く風

風は富山湾東部沿岸に沿って吹く特徴がある。風速は3m/s程度で弱い。

写真 16-1　石田フィッシャリーナ・つり桟橋

観測地点と対象物の真ん中あたりに位置している。つり桟橋は海岸から約150m沖にある。

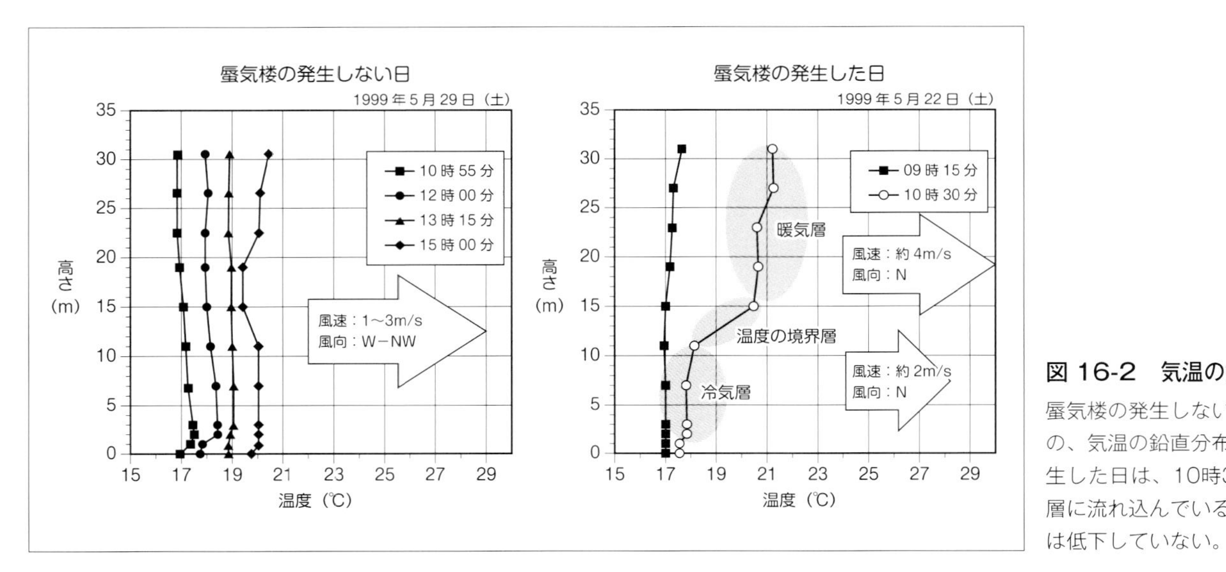

図16-2　気温の鉛直分布の比較

蜃気楼の発生しない日と発生した日の、気温の鉛直分布の時間経過。発生した日は、10時30分に暖気が上層に流れ込んでいる。冷気層の温度は低下していない。

第18章参照）。それを観測した実際の蜃気楼像と比較したところ、ほぼ一致していた。まさに温度の境界層が蜃気楼を作り出すことがわかったのである（**図16-3**）。

新しい学説―― 暖気移流説

上記のようなことから、富山湾の蜃気楼は沿岸の地形的な特徴によって生じる暖気移流がおもな原因であることがわかってきた。そして、上暖下冷の空気層が形成される過程が、次のように推測されるようになった。このシナリオは「暖気移流説」と呼ばれている（**図16-4**）。

①蜃気楼の発生日は、風が弱く海風が卓越している。風向は田中（入善町）ではおおよそ北東であるが、湾内では地形的な特徴から北に進行方向を変える。

②日本海から吹く海風の温度は、海面水温の影響を受けゆるやかに推移する。また熱の拡散により、海抜数十mまでは鉛直方向にはほぼ等温状態となっている。

③田中で吹く風は、生地方向にかけて陸上を通過する。そのため、日射による地表面の熱の影響を受け、気温が大きく上昇する。

④暖気となった空気は、生地から再び海上へと移流する。その際、暖気は陸地を通過しない海上の空気の上に乗る。

⑤上暖下冷の構造を持った空気層が形成され、海岸に沿うように吹く。

⑥富山湾東部沿岸の海上に上暖下冷の空気層が維持され、その温度の境界層で光が屈折し、蜃気楼が発生する。

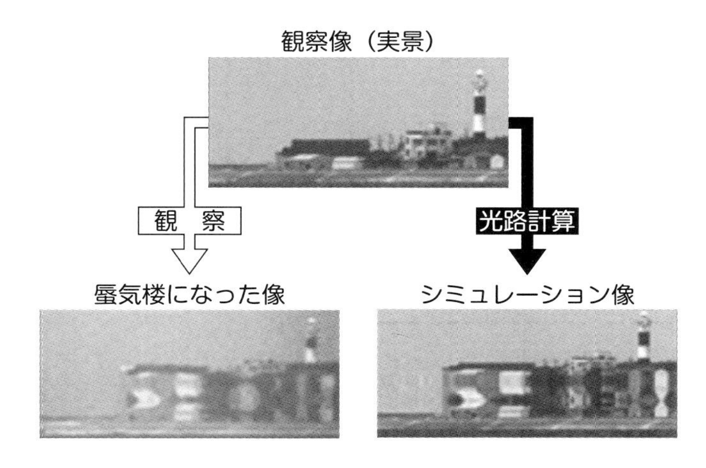

図 16-3　画像シミュレーションとの比較

蜃気楼になった像（左下）は魚津から生地を撮影した実際のものである。シミュレーション像（右下）は、撮影時刻とほぼ同時刻の気温データから光路計算した結果である。

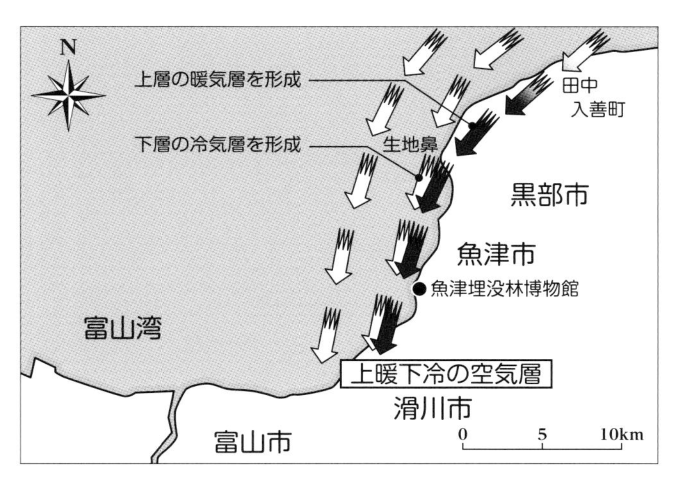

図 16-4　暖気移流説のイメージ

海からの風の一部が黒部平野に吹き、それが富山湾に入り、上暖下冷の空気層を形成する。暖気は冷気より軽いため、温度の境界層は富山市方向へ吹く過程で、少しずつ上昇していく。

全容は未解明

魚津における蜃気楼の発生理由として「暖気移流説」を紹介したが、これですべての発生が説明できるわけではない。そこで、現在は暖気移流説をベースにしてさまざまな角度から発生理由の研究が進められている。上暖下冷の空気層が形成される過程としては、次のような可能性が考えられている。

・上空にある暖気が高気圧の下降流の影響によって、沈降して発生する。
・小さな規模で海陸風循環が起こり、陸地の暖気が海上に移流し発生する。
・フェーン現象などで生じた暖かい陸風が直接、海上に移流して発生する。

おそらく、蜃気楼の発生理由は1つではなく、その時々によっていくつかの要因が組み合わされている、というのが現在の有力な考え方である。また、これらの発生理由は、他の地域で見られる蜃気楼にも当てはまり、そこでも、ここに述べたいくつかの要因が複合していると考えられる。

いずれにしても、研究はまだ途上であり、全容が解明されるには、もう少し時間がかかるだろう。研究の一方で、幻想的な蜃気楼のすべてを解明してよいものか、という声もあり、当分は研究とロマンの板挟みが続きそうである。

（参考：木下正博、市瀬和義、富山湾における上位蜃気楼の発生理由―気温の鉛直分布が示す新たな事実、日本気象学会「天気」vol.49、No.1（2002）57-66）

第17章

蜃気楼観測を進歩させた「定点カメラ」

貴重な発生機会を逃さず撮影

蜃気楼は、いつでも見られるものではないため、継続的に観測をするためには定点（固定）カメラがとても効果的な手段となる。定点カメラを設置する場所は、蜃気楼が観測でき、かつカメラを固定できることが必要だ。屋内であれば問題はないが、屋外であれば風雨に対する対策も必要である。いずれの場合も、ほこりや汚れを除去して視界を確保する必要があり、定期的なメンテナンスが欠かせない。電源やインターネット環境も必要となる。

定点カメラの種類とその特徴

定点カメラにはいくつかの種類がある。それぞれの特徴は次の通り。

(1) USBカメラ

パソコンのUSB端子に接続し、映像をパソコンに取り込んだり、インターネットに配信できたりするカメラ。このタイプは数千円程度で安価ではあるが、望遠機能はほとんどない。そのため、蜃気楼を観測するには、専用器具などを用いてUSBカメラをフィールドスコープ等に取り付けて、望遠にする工夫が必要だ。

(2) デジタルカメラ

近年では、高倍率（20倍以上）のデジタルカメラが比較的安価に入手できるようになった。このカメラにインターバル撮影機能（一定の時間間隔で自動撮影する機能）があれば、定点カメラとして利用できる。ただし、インターネット配信機能を装備しているものはほとんどないため、定期的に記憶媒体を交換して画像を確認する必要がある。

(3) ネットワークカメラ

監視カメラなどとも呼ばれ、屋内用や屋外用など種類も多い。また、高倍率に対応したものやパソコンなしでインターネットに配信できたりするものがある。さらに、インターネットを介して、観測する方向や倍率を制御できる高機能な機種もある。しかし、価格は数万円～数十万円と高価で、個人で楽しむにはややハードルが高い。

(4) CCDカメラ

CCDカメラ本体に一眼レフなどの望遠レンズを取り付け、映像出力をパソコンに入力する方法である。パソコン側には、映像入力用の端子が必要となる。端子がない場合には、キャプチャーボードの増設や、映像をUSBに変換するアダプターなどが必要である。画像の取り込みやインターネットへの配信は、フリーソフトなどで対応できる。

インターネット
ライブカメラの活用

発生の有無や規模、時刻を知る方法は、これまで人の目に頼っていたため、その判断は曖昧な部分が多くあった。定点カメラによる観測システムなら、同条件で以前の蜃気楼や発生前後の映像と比較することが可能で、日時も記録されるので、客観性が高まると期待できる。日本蜃気楼協議会では、2003年ころより定点カメラの検討がはじまり、翌年には富山湾で観測実験を開始した。現在では、これをベースに魚津埋没林博物館が施設周辺に2台のライブカメラを設置し、動画によるリアルタイム配信サービスを行っている。

(1) 定点カメラによる観測実験

日本蜃気楼協議会の木下と市瀬は、2004年から2006年の3年間、定点カメラで蜃気楼を観測し、その様子をインターネット配信する実験を行った。その概要を紹介しよう。

カメラの設置場所は、電源設備やインターネット環境が整っている富山県立滑川高等学校とし、3階特別教室の高窓枠（海抜約13.7m）に取り付けた。それまでは、建物の2階以上など高い場所からは蜃気楼は観測できないという説が一般的であったが、第16章で紹介した気温の鉛直分布の測定により、滑川や富山ではそれより高い位置からでも観測が十分に可能であることが推測されていた。

カメラの映像は、約17km離れた黒部市生地を捉えている（**図17-1**）。倍率は約60倍（焦点距離約3000mm相当）であり、1分間隔で静止画像（サイズ：640×480）を転送しウェブサイトで一般公開した。現在、蜃気楼が発生した日の映像は、次のURLで公開されている。

http://www.japan-mirage.org/mirage_hp/kinoshita/livecamera/index.htm

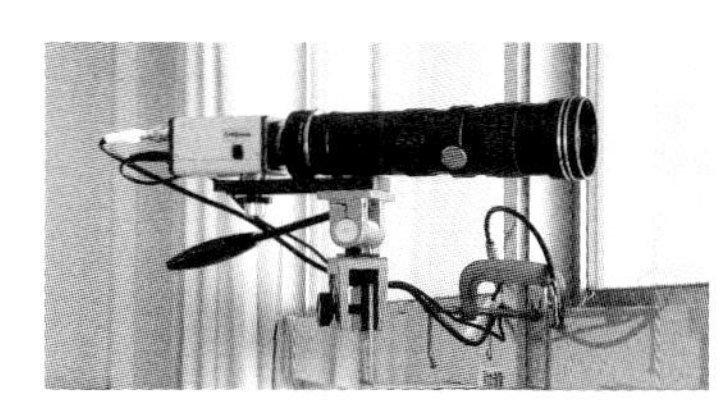

写真 17-1
定点カメラによる観測
教室の窓枠に定点カメラを取り付け、黒部市生地を観測している。

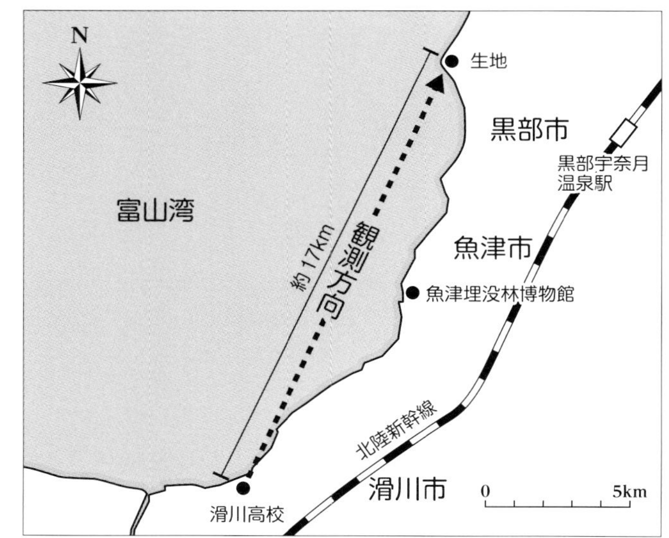

図 17-1　ライブカメラの場所と観測方向
カメラを設置した滑川高校は海岸から約200m内陸に位置しており、3階の教室の窓からは富山湾を眺めることができる。

観測からは、発生した日時や規模を正確に捉えることができた。また、発生していないときの画像を並べて提示し比較することで、肉眼では判別しにくい、蜃気楼が発生する直前に見られる水平線の上下動までも詳細に確認できた。発生の前兆を知るのに、定点カメラが有効な方法であることが示されたのである（**写真17-2**）。

(2) 魚津市の蜃気楼ライブカメラ

日本蜃気楼協議会の研究によって、定点カメラを用いた観測の基礎が築かれた。ニーズが高まっていたことなどを受けて、魚津市でも2005年に蜃気楼のリアルタイム動画をインターネット配信するシステムを導入した。現在でこそインターネットを使ったライブカメラはごく普通に使われているが、普及途上であった当時は、手探り状態でのシステム構築となった。

公的機関として映像配信を行うには安定性や耐久性が要求されるので、機材は業務用機器を中心に選定し、通信も地元のケーブルテレビ局の光回線を利用するシステム構成とした。カメラは固定式で魚津埋没林博物館の施設周辺に設置、富山市方向と黒部市方向の計2台を用意し（**写真17-3**）、閲覧者はそれぞれ見たい映像をウェブサイト上で選択できる仕組みとした。当時はまだハイビジョン仕様がそれほど一般的でなかったため、標準画質仕様となっている。配信される動画の画質は必ずしも高くないが、遠隔地からリアルタイムで蜃気楼の状況を把握できるようになった意義は大きかった。ライブ動画は魚津駅に設置されたモニター（**写真17-4**）でも見ることができ、魚津市を訪れた観光客によく利用されている。

写真 17-2　定点カメラによる観測の例

時間とともに蜃気楼が大きく変化している様子がわかる。左下には近くの電柱が写っているが、これはカメラの方向を決める際に基準として用いているものである。

写真 17-3　魚津埋没林博物館が設置したライブカメラ

このカメラは、約17km離れた富山市（富山火力発電所）に向けて固定されている。

写真 17-4　魚津駅内に設置したモニター

大型モニターのライブカメラ映像は、小画面のタッチメニューで切り替えて見ることができる。

魚津埋没林博物館では蜃気楼ライブカメラとは別に、発生したときにその方向や規模、気象状況などを知らせるメールマガジン「しんきろう通信」のサービスを行っている。ところが、魚津市外の遠隔地の方は、メールで知らされてもすぐに駆けつけることはできない。また、蜃気楼の発生は大半が昼間なので、たとえ地元にいても、平日であれば仕事や学校のため、多くの人は海岸に来て実際に見ることは困難だ。そのような場合でも、「しんきろう通信」とライブ動画を組み合わせて利用することで、発生状況を効率よく確認できるようになり、より多くの方に親しんでもらえるようになった。

なお、蜃気楼ライブカメラの動画は、魚津市のウェブサイト内の「うおづ映像ライブラリー」から見ることができる（魚津埋没林博物館のウェブサイトからもリンクがある）。また、メールマガジン「しんきろう通信」の登録は、魚津埋没林博物館のウェブサイトから無料で行える。

第18章

蜃気楼像をシミュレーションで再現する

シミュレーションの考え方

蜃気楼のシミュレーションとは、大気がある温度構造のときにどのような蜃気楼像が予想できるのか、その映像を数値計算から作り出すものだ。逆に、ある蜃気楼像が見られたときに大気の温度構造がどうなっているのかを推測することも可能なので、仕組みの理解を助ける有力な手段となる。

蜃気楼に限らず物体が見えるという認識は、光がどの方向から目に入るかで決まる。光は物体にぶつかると、あらゆる方向に散乱する。この光の一部が目に届くとき、光がどの方向から来たかによって、私たちはその方向に物体を認識することになる。しかし蜃気楼の場合、光の多くは大気中で曲がって進み、その一部が目に届くため、現実にはありえない方向に物体があるように認識してしまう。さらに、条件によっては、1つの物体から出た光が屈折により複数の異なる方向から目に入る場合もあり、このようなときには2つ以上の方向に同じ物体を認識することになる（2像、3像などという）。

蜃気楼のシミュレーションでは次のような手順により、コンピューターの数値計算でその画像を再現することを目指した。①観測者の目に入る光が、上下の一定の角度ごとにどのように曲がって届くことになるかを計算する。②この計算により、観測者の視点からある角度の方向に、対象物のどの部分が見えるのかを特定する。③次にあらかじめ用意しておいた蜃気楼になっていない対象物の写真（実景）から、対応部分の画像を切り取り、その角度の位置に貼り付ける。④これを順に積み重ね、再び一枚の画像にする。このような手順の結果が、蜃気楼のシミュレーション像となる。厳密には、変化する多くの要因を考慮しなければならないが、省略しても、かなり現実に近い像となる。ここでは、琵琶湖と富山湾で試みられている２つのシミュレーションについて紹介していこう。

琵琶湖大橋の蜃気楼のシミュレーション

(1) 大気の温度構造の推定

琵琶湖の西湖岸、滋賀県大津市北小松の小松浜から見た琵琶湖大橋の蜃気楼再現を目指した。蜃気楼のシミュレーションのためには、まず、大気の温度構造を推定する必要がある。上位蜃気楼の場合、大気の温度構造は上が暖かく下が冷たい上暖下冷の状態である。そこで、琵琶湖大橋がＺ字に変形した日の観測例をもとに、暖気層を18℃、冷気層を15℃、温度の境界層の厚みを約2mに設定した（**図**

18-1）。温度の境界層の中はなめらかに温度が変化し、観測者から対象物までの間は、この温度構造が一様であると仮定した。このシミュレーションでは、地球の丸みも考慮している。

(2) 光の経路の計算

空気中での光の速さは、温度が低くなるにつれて遅くなる性質がある。この性質と屈折の原理（第1章参照）から、温度の境界層の中で連続的に屈折しながら曲がって進む光の経路を計算することができる。コンピューターでは、目に入る光を上下に一定の角度ごとに分け、それぞれの角度について光が1m進んだときに、どれくらい屈折して曲がるのかを、観測者から14.7km離れた琵琶湖大橋まで繰り返し計算する。

図18-2に、設定した温度構造から計算したP1から出た光の3つの経路を示す。この経路からは、琵琶湖大橋の一部が上方に折り重なる蜃気楼になる結果となった。なお、図では縦軸を横軸の200倍に表現しているため地球の丸みが大きく誇張され、湖面は曲線状になっている。

(3) シミュレーション画像の作成

画像処理では、まず通常の実景の写真を、目に入る光の

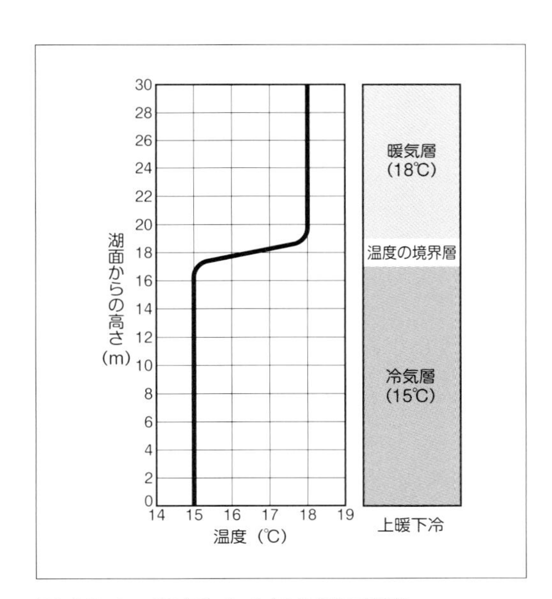

図 18-1　設定した大気の温度構造

横軸は温度、縦軸は高さを表している。温度の境界層中の曲線は、なめらかに変化するように設定した。

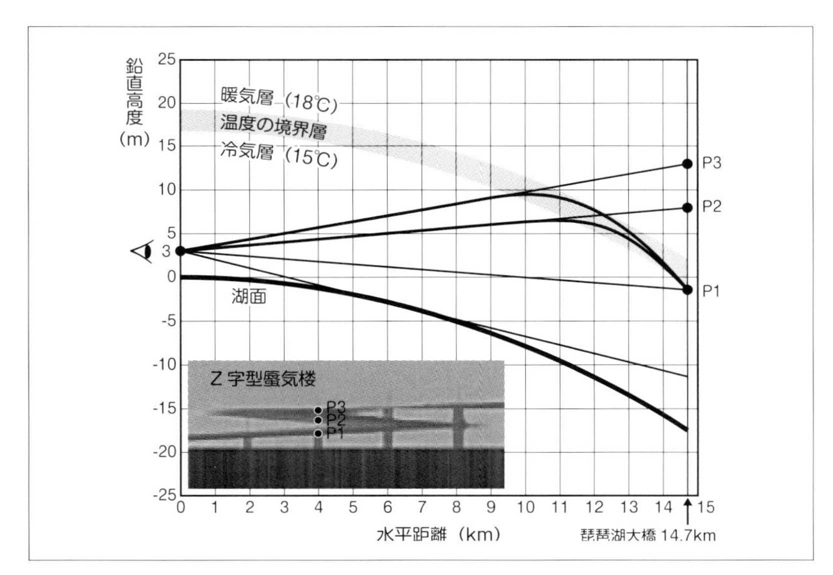

図 18-2　シミュレーションによる光の経路と画像

左端にいる観測者の目の高さは3m。点P1から出た３つの光が別々の経路を通って異なる角度で目に届いている。このため、観測者には点P1にあるものが、それぞれの経路の延長線上にある点P1、P2、P3の位置に見えている。

角度を鉛直方向に約0.01分（60分は1°と同じ）ごとに細かく分割し（水平な線状の画像となる）、角度と画像とを対応させる。次に光路計算から蜃気楼になって見える角度を求め、その位置に分割した「線画像」を順に貼り付け積み重ねていく。コンピューターでは単に、細分化した実景の縦1ピクセル幅の線画像をコピー＆ペーストするだけであるが、これを繰り返すことで、伸びたり反転したりするシミュレーション画像が完成するのである。

(4) 蜃気楼の型で境界層の高さを推測

シミュレーションを使うことで、琵琶湖大橋の変化でよく見られる特徴的な型別に、温度の境界層の高さを推測することが可能になった。特徴的な型と、それが現れるときの温度の境界層の高さは**表18-1**の通りである。**図18-3**は、条件に対応した温度構造をもとに作成したシミュレーション画像である。温度の境界層の高さと画像からは、層が低くなると湖面近くに現

	蜃気楼の特徴	温度の境界層の高さ(m)
①	太い眉毛型	20
②	Z字型	18
③	横V字型	16
④	湖面型	14

表 18-1　特徴的な蜃気楼の型と温度の境界層の高さ

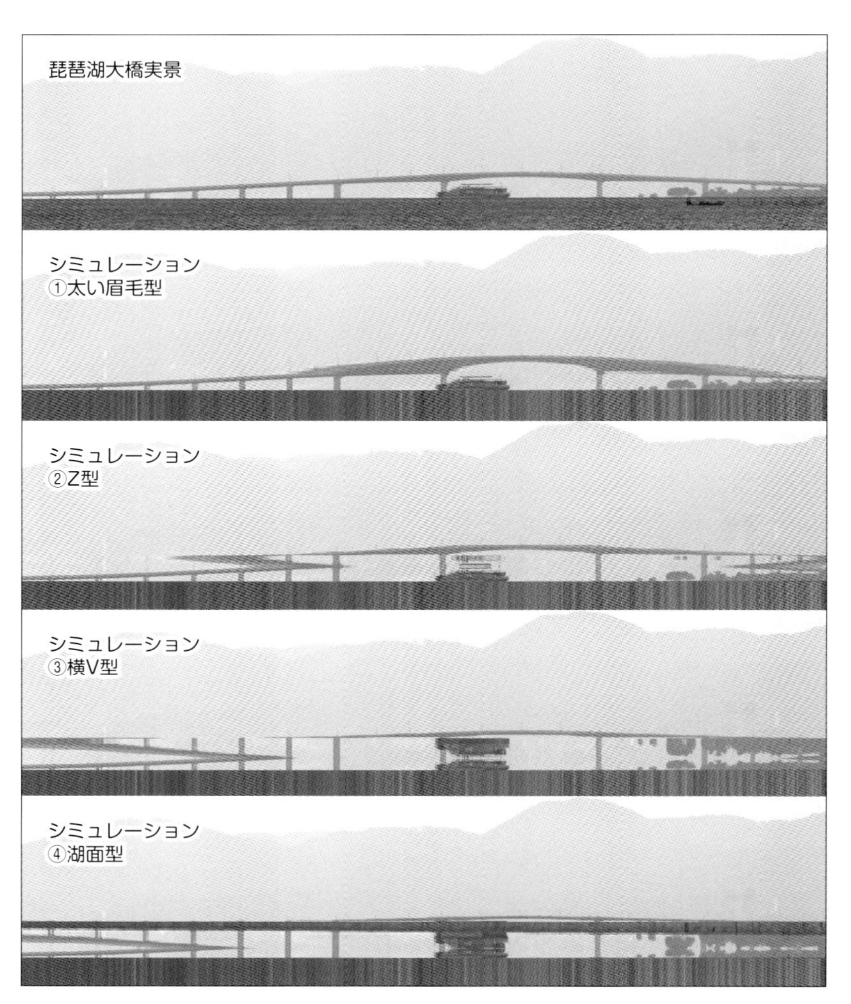

図 18-3　琵琶湖大橋の蜃気楼シミュレーション

琵琶湖の北湖に位置する小松浜からは、琵琶湖大橋が一望できる（上、実景）。画像①～④は、さまざまに変化する琵琶湖大橋の蜃気楼を計算で再現した結果である。

れることがわかる。小松浜（滋賀県大津市北小松）から眺める琵琶湖大橋の上位蜃気楼は、その多くが時間と共に①太い眉毛型から④湖面型へと変化する。これらの結果から、琵琶湖では、境界層が上から下へと移動しているのではないかと考えられる。

そのほかにも、琵琶湖大橋の蜃気楼の型にはいろいろあるが、気温差や境界層の高さを変化させることで、すべて再現することができる。今後、さらにシミュレーション画像と実際の蜃気楼を比較することによって、境界層の形成から消滅までの過程が明らかになると期待されている。

富山湾の蜃気楼のシミュレーション

富山湾についてもシミュレーションの研究が進められており、魚津の海岸から富山市方向と黒部市（生地）方向に発生する蜃気楼を再現している。

魚津埋没林博物館では、これまで富山湾の蜃気楼のメカニズム解明のために進められてきた研究（第16章参照）をさらに発展させ、2010年に北陸能力開発大学校の学生による実践研究として、学芸員と共同で蜃気楼のシミュレーションシステムを完成させた。現在は魚津埋没林博物館に展示され、来館者が自由に操作できるようになっている（**図18-4**）。このシステムは、タッチパネルによって感覚的に大気の温度構造を設定でき、その温度構造によってどのような蜃気楼像ができるかを画面上ですぐに見られるように工夫されている。このため蜃気楼の原理を直観的に理解する教育的な効果が高い。

このシステムで設定できるのは、暖気層と冷気層の気温、温度の境界層の厚みと傾きである。簡単にするため地球を平面として扱っているものの、温度の境界層を任意のくさび型、または水平の形に設定することができる。このように境界層の厚みの変化もシミュレーションに取り入れたのは、富山大学等による富山湾での調査・研究で温度の境界層の厚みが、黒部市沖から富山市沖へ向かって広がっている事例が観測されたことを反映している。

蜃気楼のシミュレーションはまだ研究途上であり、本章で紹介した２つのシステムにはそれぞれ長所・短所がある。これらは単純化したシステムであるため、自然界の複雑な要因をすべて網羅しているわけではない。しかし、シミュレーションが蜃気楼研究の重要な一端を担うことは確かであり、今後も活用が大いに期待されている。

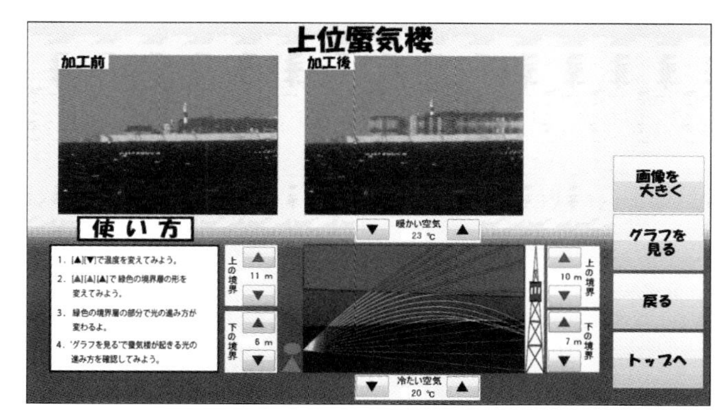

図 18-4　富山湾の蜃気楼シミュレーションシステム

画面は、魚津から生地を見たときのシミュレーション。いろいろな条件で試すことができ、直感的に光が曲がる現象が理解しやすいと、来館者には好評である。

第19章

実験で蜃気楼を作ってみよう

実験は原理を理解するのに最適

蜃気楼の原理を直感的に理解するには、実験で再現するのが最適だ。実験にはこれまで、水と砂糖水など、液体の密度差を用いる方法が一般的であった。その理由は、実験室内の数m程度の距離では、空気の温度差だけで蜃気楼を再現できないと考えられていたからである。しかし近年、空気の温度差だけで再現できる装置もいくつか開発された。

水と砂糖を用いた発生装置（液体の濃度差を利用）

(1) 装置の概要

この装置は、液体の濃度（密度）差を利用して上位蜃気楼を再現するものだ（**図19-1**）。砂糖水を用いる理由は、透明度が高く、溶液を高濃度にできるからである。装置の特長としては、身近な材料を使って安価に行えること、濃度差による屈折が大きいため数十cm程度の短い距離でも実験ができること、レーザー光を入射させて光線が曲がって進む現象を観察できること、などが挙げられる。

(2) 材料

・小型水槽（2L用）　・水（2L）　・砂糖（200g程度）
・ろうと　・ビニールチューブ　など

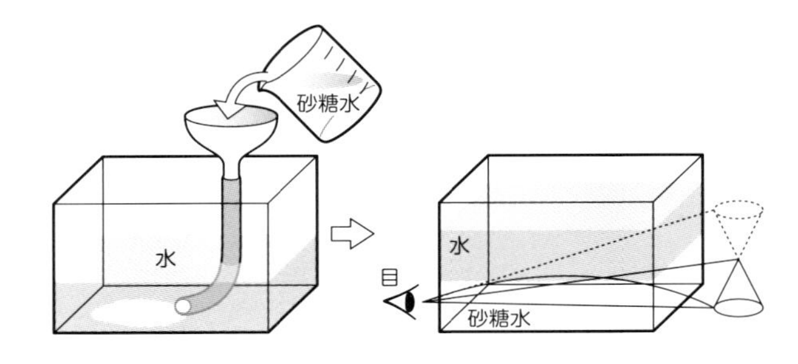

図 19-1　装置の概要
実験は、まず水槽の中程まで水（1L）を入れる。次に別に用意した水（1L）に砂糖200g程度を溶かし、水槽の下部にろうとを用いて静かに流し込む。観察は、水と砂糖水の境界層付近よりもやや下側から反対側を見るようにする。

図 19-2　観察の様子（左：実景、右：水槽を通してみた像）
水槽を通して風景写真を見ると、実際の蜃気楼とほぼ同じようなものを見ることができる。また、水と砂糖水の境界層付近を棒で静かに撹拌すると境界層の状態が変わり、見え方も変化する。

(3) 装置で観察される上位蜃気楼

装置では、水より重い砂糖水は下部にたまり、水槽の中程には濃度の境界層ができる。上部の水は密度の小さな暖気層、下部は密度の大きな冷気層に相当する。水槽の反対側に絵などを置いて、境界層の付近から絵を見ると、上方に伸びたり反転したりする上位蜃気楼が観察できる（**図19-2**）。濃度の境界層は徐々に混ざってぼやけていくが、数日間は変化を楽しむことができる。

詳しい作り方は、日本蜃気楼協議会のウェブサイト内（平成26年度研究発表会講演要旨「蜃気楼再現装置2タイプと簡単工作」、http://www.japan-mirage.org/kenkyu/H26/2014-01ishizu.pdf）に紹介されているので、参考にしてほしい。魚津埋没林博物館内には、これを応用して作られた「蜃気楼再現装置」が常設展示されているので、ぜひ訪れてみてほしい。

温風を利用した手軽な発生装置（空気の温度差を利用）

この装置は、温風を水平な層状に吹き出させ、空間の中に空気の温度差を作り出して蜃気楼を再現する（**図19-3**）。温風を作る装置は市販の布団乾燥機を利用し、袋状または箱状の気室に温風をためて、吹き出し口から層状に送り出す仕組みである。また、吹き出し口には整流効果を持たせるため、断面に細管が並ぶダンボール構造のプラスチック板（通称：プラダン）を用いている（**図19-4**）。観察は、対象物との間に横方向に温風が吹き出すようにして行う。このとき温風の直下では空気の温度が上暖下冷になっており、上位蜃気楼の伸び上がった像や、条件次第では反転像も観察することができる。この装置は、温風の温度が50℃～60℃程度であるため、火傷の心配や材料の耐熱性をほとんど考慮しなくてよい。また、簡単な材料であることから、学校でも短時間で工作できることが大きな特長である。

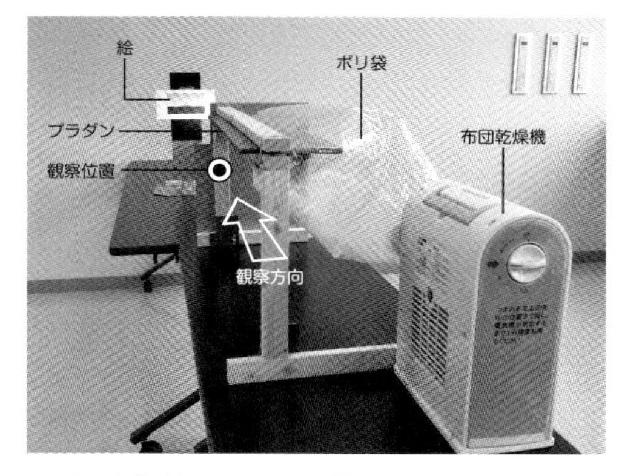

図 19-3　温風を利用した発生装置

プラダンの大きさは約80cm×15cmである。また、観察する絵は装置から0.5～1m程度の距離に置く。

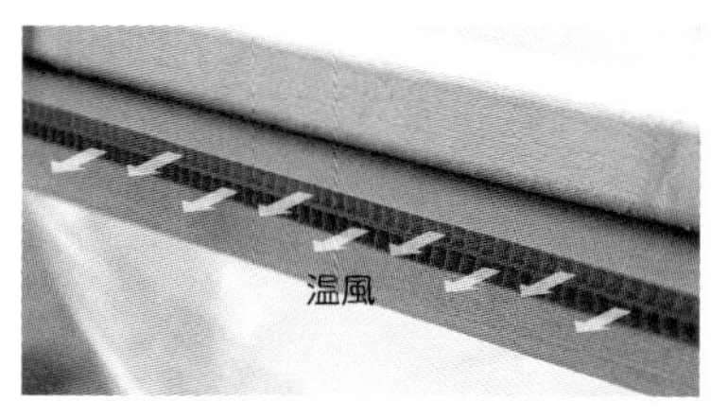

図 19-4　温風の吹き出し口

2枚重ねたプラダンの断面の穴から、温風が層状に出る仕組みである。

「伸びる」「反転」が再現できる発生装置(空気の温度差を利用)

(1) 装置の概要

この装置は、ニクロム線をアルミ板で挟み、電気で約100℃まで熱くする。すると、暖められた空気と室温との温度差により、板の直下には上暖下冷の空気層が作られる。板の直下から他端の絵を見ると、上方に伸びる上位蜃気楼を観察できる。また、風を送ると、次は上方に反転する上位蜃気楼を観察できる。一方、板の直上には、上冷下暖の空気層が作られる。板の直上から他端の絵を見ると、下方に反転する下位蜃気楼を観察できる。

この装置の特長は、わずか3m程度の距離で上位蜃気楼と下位蜃気楼が再現でき、また、伸びたり反転したりする蜃気楼を自在にコントロールできることである。ただし、装置が約100°Cと熱くなるので、火傷などに十分注意しなければならない。

(2) 材料

- ・アルミ板4枚（100cm×20cm×5mm）
- ・雲母板4枚（98cm×18cm×0.1mm）
- ・ニクロム線8本（ソレノイド状1000W）
- ・アルミ棒12本　・ガイシのパイプ4個
- ・送風機（ヘアドライヤーの冷風機能などを利用）
- ・照明用ライト（100W程度）
- ・木材（装置の台、絵の取り付け用）
- ・導線　・ビスネジ　など

(3) 製作方法

アルミ板と雲母板を加工し、熱くする板を製作する。ニクロム線は2本を直列にし、それを並列につなぎ合わせる。ニクロム線の上下を雲母板（絶縁用）とアルミ板で挟み、ビスネジで固定する。外部に出す電極は絶縁のため、ガイシのパイプに通す。台にアルミ棒を固定し、装置を載せる。2台を配線すると、装置全体の消費電力は約500Wになり、

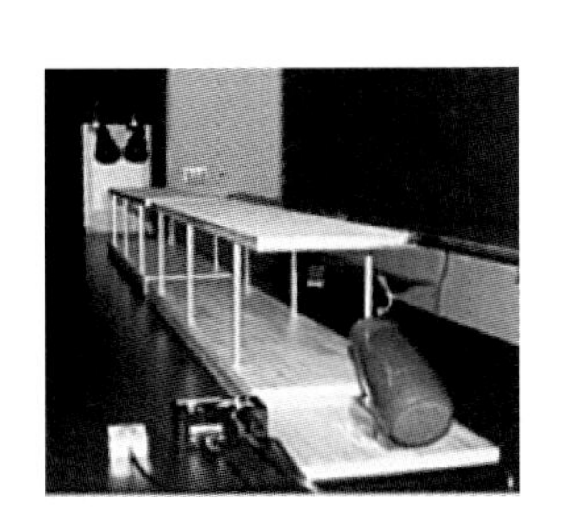

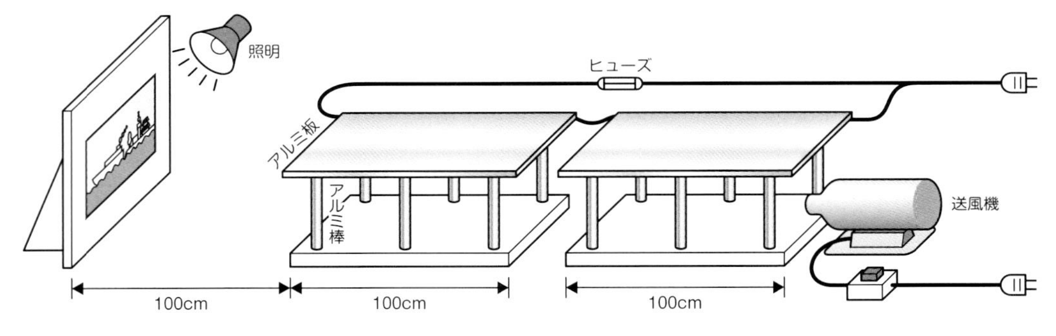

図 19-5　装置の全体

観察する絵（写真でも可）は横10cm、高さ2cm程度がよい。観察は肉眼でも十分に行えるが、望遠鏡などを利用するとよくわかる。なお、装置は熱いので火傷に注意する必要がある。

約30分後にはアルミ板の表面温度が約100℃まで熱くなる（図19-5）。

(4) 上位蜃気楼の観察

アルミ板を暖めてその直下を見ると、もとの絵は上方に伸びる蜃気楼となる。次に、送風機で装置の下部の長さ方向に風を送ると、空気の温度が急激に変わる境界層となり、実像の上方に反転した蜃気楼が観察できる。また、風量を調節することで伸び上がりや反転、ゆらいだ像などさまざまに変化する蜃気楼を再現することができる（図19-6）。

(5) 下位蜃気楼の観察

暖めたアルミ板の直上を見ると、下方に反転した下位蜃気楼が観察できる。アルミ板の直上に風を送っても、鉛直方向の温度分布はほぼ変わらないため、観察される像に変化は見られない（図19-7）。

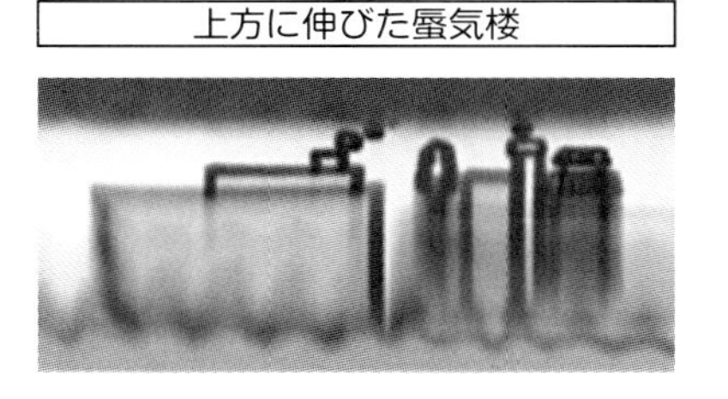

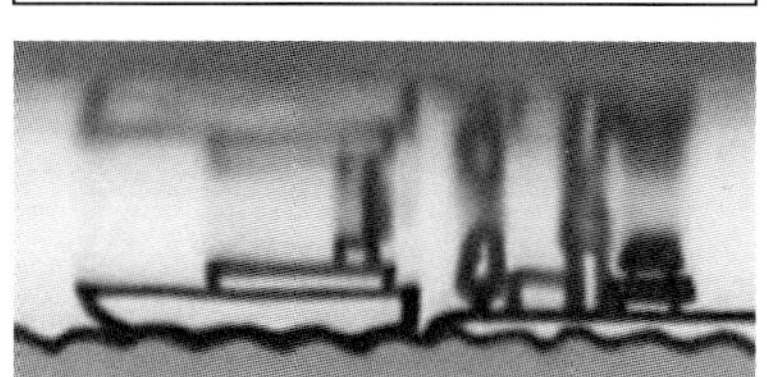

図 19-6　装置で観察できる上位蜃気楼

絵の高さを調整しながら、板の直下ギリギリを見るとよい。また、目の高さを少し上下に動かしながら観察すると、像の変化がよくわかる。

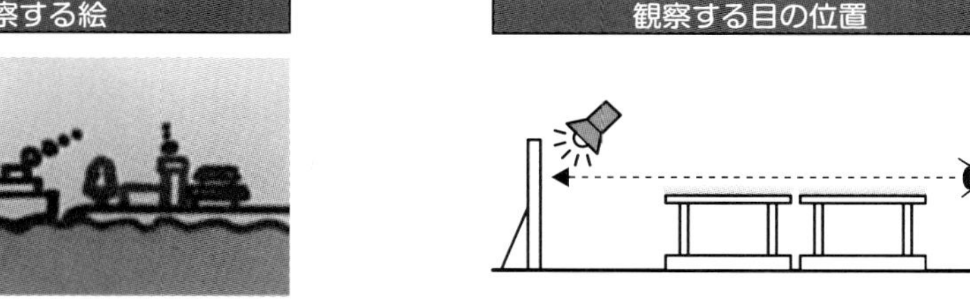

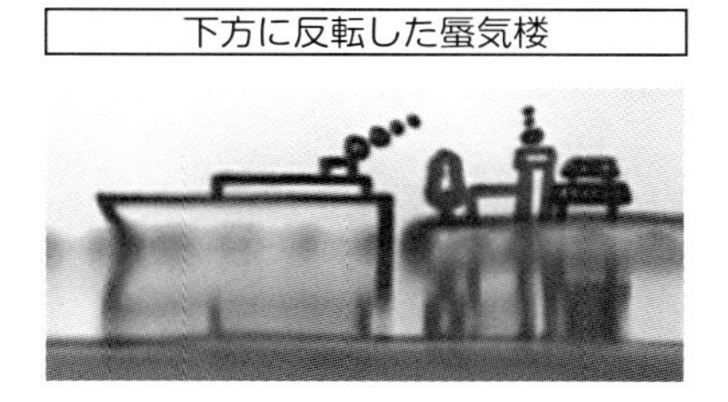

図 19-7　装置で観察できる下位蜃気楼

絵の高さを調整しながら、板の直上ギリギリを見るとよい。また、目の高さを少し上下に動かしながら観察すると、像の変化がよくわかる。

コラム❸

蜃気楼を伝えるメディアの方へ

テレビの天気予報コーナーや新聞などで、蜃気楼が伝えられることがある。しかし、視聴者・読者も見る機会のほとんどない現象を、限られた時間や紙面で伝えるのは、想像以上に難しい。それでいて、正確を期さなければならないのだから大変である。

ここでは、メディアから取材を受けたことのある日本蜃気楼協議会のメンバーの経験をもとに、蜃気楼について報道するときにとくに気をつけてもらいたい点を３つにまとめた。これから取材をする方の参考になればと思う。

①蜃気楼は「幻（まぼろし）」ではない

蜃気楼は、幻のように、実在しないものが見える現象ではない。「実在する物体」が、光の屈折によって、伸びたり、縮んだり、浮かんだり、あるいは反転したりと、形が変化して見えるものである。もととなる「実在する物体」がなければ、発生しない。

蜃気楼かどうかを確認するには、まず普段の景色を知ることが大切だ。そうすれば、新しい建物や工事後の景色などと見間違うといった、意外によくある失敗を避けられる。また普段と比べ、見え方がどう変化しているか確認することは、蜃気楼の種類や発生のメカニズムを知るのにも、大いに役立つ。

②珍しいのは上位蜃気楼

蜃気楼には、上位蜃気楼と下位蜃気楼の2種類がある（第1章参照）。両者は発生のメカニズムが違う。このうち、上に暖かい空気の層、下に冷たい空気の層ができると発生するのが上位蜃気楼である。上位蜃気楼の方が変化が大きいが、季節や気象条件に左右され、下位蜃気楼の発生よりもまれにしか起こらない。また、上位蜃気楼は、実在する物体の上方に現れる。景色が上に伸びたり、浮かんだり、上方向に反転した状態に見えるのである。

春の訪れを告げる蜃気楼というのは、通常、上位蜃気楼の方を指す。まだ冷たい空気の上に、春の暖かい日差しで暖められた空気がやってきて発生することが多い。

③撮影には時間がかかる

蜃気楼は、現場に着いてすぐに取材できるものではない。気象条件が少し変化すると、出現したり、しなかったりする。珍しいからこそ、伝える価値があるが、実際に見たり、撮影したりするには、長時間にわたる取材が必要になる。

わからないことがあれば、日本蜃気楼協議会で取材を受けたり、アドバイスもできるので、ぜひ相談してほしい。

第4部
蜃気楼の歴史と美術

撫肩釜蜃気楼地紋（蜃気楼釜）

蜃気楼を描写した茶釜である。横筋の遠近法で海を演出し、小舟がアクセントになっている。
蓋のつまみは大蛤を表現している。
（直径20cm×高さ16cm、2006年、藤田勝与作）

第20章

歴史の世界から見た蜃気楼

人文科学的なアプローチ

蜃気楼との付き合い方は多様である。物理や気象現象としての自然科学的なアプローチはもちろんだが、角度を変えてみると歴史や民俗、美術工芸など人文科学的な側面も見えてくる。蜃気楼は多分野にまたがる学際的な研究対象でもある。ここではその歴史をひも解いてみよう。

歴史にはじめて登場するのは？

自然現象である蜃気楼は、人類が地上に現れるはるか以前から発生していたにちがいないが、それが最初に記録に残されたのはいつごろなのであろうか。

現在までに判明している最も古い記述は、紀元前90年ころに中国（前漢）の司馬遷がまとめた『史記』だと考えられる。130巻にも及ぶ『史記』の中の『天官書』の一節に「海旁蜃気象楼台」とあり、一般にはこれが蜃気楼の語源であるとされる。大まかには「海の旁で蜃の吐く気は楼台（高い建物）を象る」といった意味である（蜃については後述）。

また、2～3世紀ころのインドの竜樹の著とされる『大智度論』では、目に見えても実体がないたとえの中に「乾闥婆城（犍闥婆城とも記す）」が挙げられている。乾闥婆城を辞書（大辞泉）で引くと、「乾闥婆神が幻術によって空中に作り出してみせた城。幻のように実体のないもののたとえ。蜃気楼。」とある。ただ、「海旁蜃気象楼台」も「乾闥婆城」も、その当時、本来の意味が自然現象としての蜃気楼を指していたのか、それとも想像上のものなのか、原文から読み取ることはできない。

日本への「蜃気楼」の渡来

前掲の『史記』は、おそらく奈良時代には日本へ伝わっていたとされるが、大書の中のごく一部である蜃気楼の記述が認知されていたかどうかは定かでない。しかし、少なくとも江戸時代には、『史記』の蜃気楼は知られていた。浮世絵師の鳥山石燕は、安永10（1781）年刊行の『今昔百鬼拾遺』に蜃気楼を描き、「史記の天官書にいはく……」と一節を引用している（**写真20-1**）。江戸時代には中国由来の蜃気楼の概念やイメージが広く行き渡っていたようである。

中国からは、各時代に多くの書物や情報が日本へ渡来してきた。その中で、蜃気楼に関して影響を与えたと考えられるものの一つに『本草綱目』がある。『本草綱目』は、

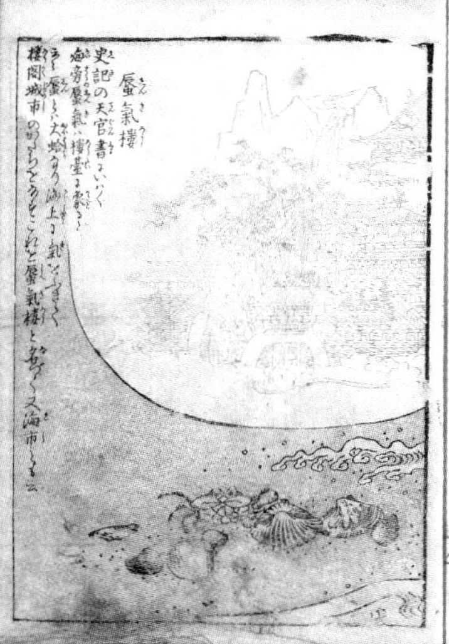

⬅写真 20-1　蜃気楼図

鳥山石燕『今昔百鬼拾遺』より。大蛤が気を吐く蜃気楼図が描かれ、左上には史記の引用がある。(国立国会図書館蔵)

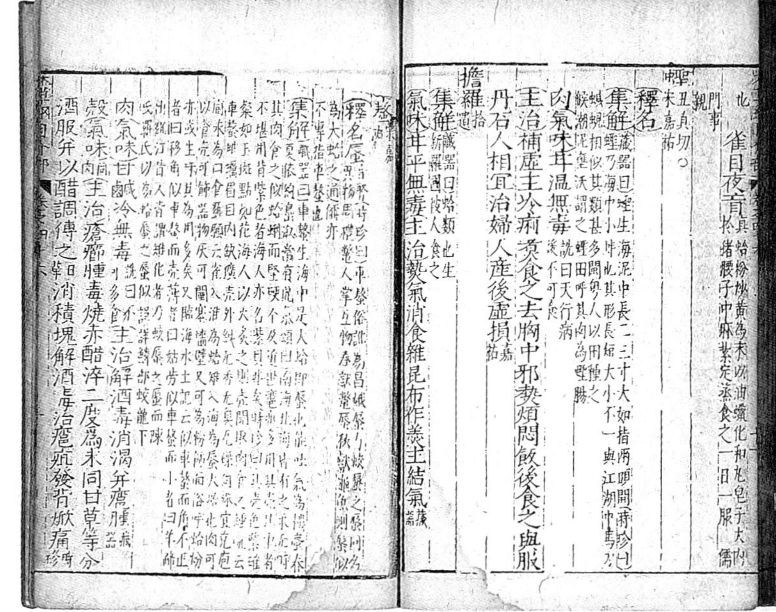

⬆写真 20-3　車螯の記述

李時珍『本草綱目』第46巻より。車螯の別名として蜃を掲載している。(国立国会図書館蔵)

⬅写真 20-2　蛟龍の記述

李時珍『本草綱目』第43巻より。蛟龍の項の附録として蜃の解説がある。(国立国会図書館蔵)

中国（明朝）の李時珍が1596年に完成させた本草書（さまざまな薬種を収録・解説した書物）で、江戸時代の最初期から日本にも輸入されていた。江戸時代の日本では本草学（医薬に関する学問）や博物学（自然の事物に関する学問）が盛んで、『本草綱目』はそのバイブル的な書物である。

『本草綱目』の中には、蜃という名の生物が2種類収録されている。1つは龍の一種である蛟龍の仲間であり（**写真20-2**）、もう1つは車螯という蛤に似た大型の二枚貝である（**写真20-3**）。それぞれの蜃の説明の中には、どちらも気を吐いて楼台を現出させるという意味の記述があり、同じ字を書く生物が混同されて伝えられていることが推測できる。内容から見て、もとは龍類の蜃の方が蜃気楼の本家だったようにも思われるが断言はできない。前出の鳥山石燕の蜃気楼図をはじめとして、日本では大きな蛤が楼閣の幻影を吐き出すイメージが定着しており、中国から日本へ渡る時点ですでに貝の蜃の方が主流になっていたものと思われる。

このように妖怪や怪異現象の類いとしての蜃気楼が中国から渡ってきたことは推測できるが、現在の我々が相手にしている自然現象としての蜃気楼は、当時の日本でどの程度認知されていたのかは不明である。

日本の蜃気楼はどこまでさかのぼれるか

中国起源の蜃気楼という語や、蜃が楼閣の幻を吐き出すという概念は、江戸時代にはほぼ定着していた。しかし、それ以前から自然現象としての蜃気楼は、日本国内で発生していただろうし、人々の目にもとまっていたはずだ。

日本で蜃気楼を指すほかの言葉としては、「蓬莱山」「貝城」「海市」「山市」「喜見城」「狐の森」「狐の柵」「狐たて（館・盾）」などが挙げられる。このうち「蓬莱山」「貝城」「海市」「山市」は、中国起源であると考えられる（蓬莱は中国の神仙思想、貝城は蜃楼からの派生、海市は本草綱目に見られ中国語の海市蜃楼と同じ語源、山市は海市と対語）。「喜見城」は仏教思想で帝釈天の居城とされるものであるが、蜃気楼の別称としての使用は、江戸時代に加賀藩主が命名してから以後である（後述）。以上を除くと狐にかかわる言葉が多く、これらは日本固有の蜃気楼の呼称であった可能性がある。しかし、その起源をたどることは難しい。

それでは、蜃気楼が日本国内で見られていたことを示す最も古い記述は何だろうか。永禄7（1564）年に上杉輝虎（後の上杉謙信）が魚津で蜃気楼を見たという記述が、元禄11（1698）年に槇島昭武（号：駒谷散人郁）が著した『北越軍談』（井上鋭夫、上杉史料集ー中）にある。もしこの記述内容が史実であれば、戦国時代の16世紀中ごろまでにはすでに魚津の蜃気楼が認知されていたことになる。しかし、『北越軍談』は上杉謙信の死後100年以上を経て刊行されたものであるため、真偽はわからない。

現在判明している最も古い確実な文献は、寛文9（1669）年に沢田宗堅が著した『寛文東行記』（別名：寛文紀行）だろう。これは、加賀藩に仕えていた儒学者、沢田宗堅が藩主である前田綱紀（後述）の参勤に先行して江戸へ赴いた際の紀行であり、魚津の蜃気楼を詠んだ漢詩が収録されている（**図20-1**）。次いで、寛文12（1672）年から加賀藩に仕えた儒学者の室鳩巣(むろきゅうそう)も、魚津の蜃気楼を詠んだ漢詩を残している（**写真20-4**）。これらから、1669年の時点ではすでに、魚津の蜃気楼がある程度広く知られていたこと、その現象に中国から渡ってきた「蜃楼」の語が当てられていたことがわかる。

以後、魚津の蜃気楼は、橘南谿(たちばななんけい)の『東遊記』（1795年）など、多くの文献で紹介されている。

蜃気楼と縁の深い百万石大名

加賀藩に仕えた沢田宗堅らによる漢詩はおそらく歴代藩主の目にも触れ、領内の珍しい現象として魚津の蜃気楼に関心を抱かせただろう。

18世紀後半に書かれた『魚津古今記』では、加賀前田家5代綱紀が魚津に宿泊した際に蜃気楼を見て吉兆と喜び､これを「喜見城」と呼ぶように命じたと伝えられる（紙谷信雄、魚津古今記・永鑑等史料）。年代は明記されていないが、沢田宗堅や室鳩巣が仕えた17世紀後半以降のことであろうか。

加賀前田家11代治脩(はるなが)は、寛政9（1797）年4月に江戸から金沢への道中で魚津に宿泊し、蜃気楼に出会っている。このとき描かせた「喜見城之図」は、実景の絵の上に蜃気楼の部分だけを描いた6枚の絵を順番に重ねて観賞するように作られている。刻々と変化する蜃気楼を表現したもので、現在のアニメーションにも通じる画期的な技法であった（**写真20-5**）。

加賀前田家13代斉泰(なりやす)も、嘉永3（1850）年4月に蜃気楼を見たと伝えられており、「魚津の浦にて海市を見てよめる」として、「見るがうちに千代やへぬらん波間より生帰り行松のむら立」という和歌を残している（魚津市史-上巻）。

魚津以外の江戸時代の蜃気楼

江戸時代の寛政9（1797）年、秋里籬島(あきさとりとう)が著した当時の旅行ガイドブック『東海道名所図会』には､勢州四日市（三重県四日市市）の「那古浦(なごのうら)蜃楼」が絵入りで紹介されている（**写真20-6**）。また、広重や豊国、国貞などの著名な浮世絵師も四日市の蜃気楼を描いている（**写真20-7**）。しかし、四日市の蜃気楼は、名所としての知名度が近代から現代にかけてなぜか低下してしまった。

江戸時代後期に東北地方のさまざまな事物を記録した菅江真澄(すがえますみ)は、『氷魚の村君』（文化7（1810）年）などに八郎潟や下北半島で見た蜃気楼の絵図や記録文を残している。絵図には蜃気楼の形をかなり忠実に表現したものもあり、観測記録としても価値がある（**写真20-8**）。

江戸後期に北海道へ赴いた松浦武四郎(まつうらたけしろう)は、『西蝦夷日誌』（明治3（1870）年）などに小樽付近の蜃気楼「高島おばけ」に出会った様子を記録している（第7章参照）。また、その中では伊勢桑名（三重県桑名市）、周防(すおう)黒崎（山口県）、北越糸魚川（新潟県糸魚川市）、南部山田浦（岩手県山田湾）などの蜃気楼に言及している。

以上、代表的な文献を挙げてみたが、古い文献の調査はまだ不十分である。もしかしたら、地方の古文書などにも蜃気楼の情報がたくさん埋もれているのかもしれない。

旧館枕江渚　遠岑返照収
白雲空鳥路　碧海現蜃楼
沙岸千条柳　春風万里舟
卿天望未歇　倚柱憶曾遊

図 20-1　魚津の蜃気楼を詠んだ漢詩

沢田宗堅『寛文東行記』より。国内で見られた蜃気楼の記述としては、日本で最も古いとされている。（魚津市史 上巻より）

写真 20-4　蜃気楼の絵はがきと漢詩

大正期に魚津で発行された蜃気楼の絵はがき。17世紀後半に室鳩巣が「蜃気結楼台」と詠んだ魚津の蜃気楼の漢詩が印刷されている。魚津では長くこの漢詩が親しまれていた。

早發魚津　室鳩巣

朝發魚津傍海來
平原郊野望悠哉
淸川水落魚爭出
疊嶂雨收雲未開
處々人煙分邑里
時々蜃氣結樓臺
越中千里山河壯
明主須求撫御才

漢詩部分を拡大

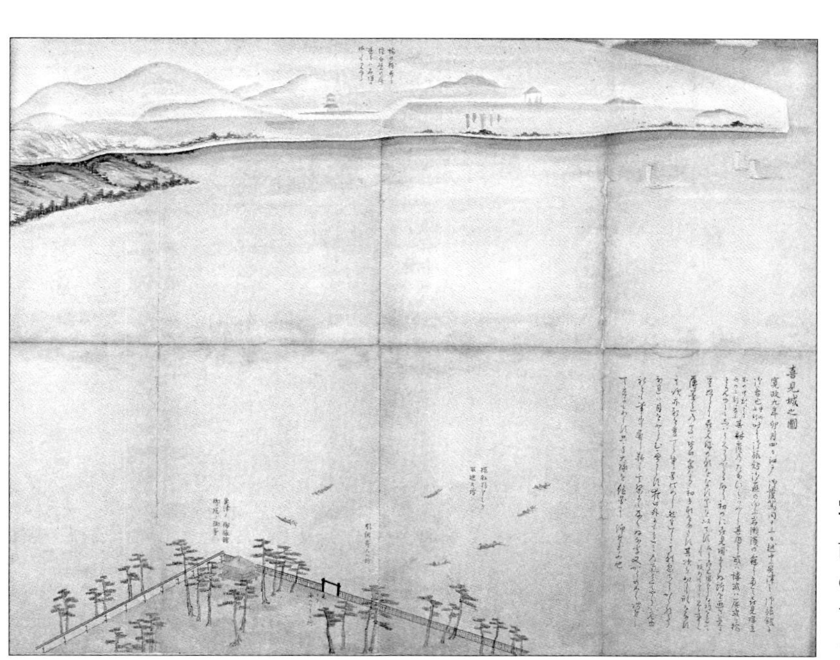

写真 20-5　魚津蜃気楼之図附喜見城之図断

前田治脩が魚津で見たとされる蜃気楼を描いた6枚組の絵図のうちの1枚。上部の山並みの部分を順に重ねていくと変化する様子がわかるように工夫されている。（金沢市立玉川図書館蔵）

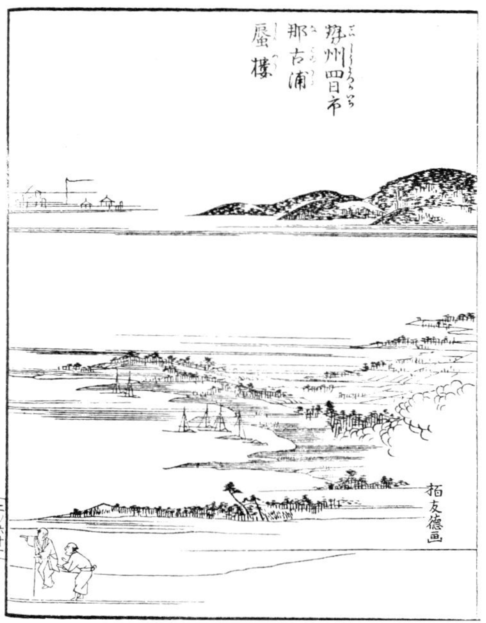

写真 20-6　那古浦蜃楼

東海道名所図会の中で勢州四日市（三重県四日市市）の蜃気楼が絵入りで紹介されている。この地では蜃気楼を「那古の渡り」とも呼び、伊勢の神様が海を渡る姿とされた。（国立国会図書館蔵）

⬅㊧写真 20-7　双筆五十三次四日市

安政年間に、三代豊国が人物を、広重が景色を描いた合作。景色の左上には蜃気楼が描かれている。

⬅㊨写真 20-8　海市図（牛滝の浦）

青森県下北半島の牛滝で菅江真澄が見た海市（蜃気楼）の絵図。沖合の北海道渡島大島が大きく伸びた様子を写実的に描いている。（秋田県立博物館蔵〔写本〕）

第21章

美術工芸品の中の蜃気楼

蛤が描かれる由来

最後の章では、日本の美術工芸品の中に表現され愛でられてきた蜃気楼の意匠にスポットを当ててみよう。

蜃気楼の「蜃」は大蛤（おおはまぐり）、「気」は妖気、「楼」は楼閣を表すとされ、その語源は大蛤が妖気を吐き幻の楼閣が見えるということに由来する。一方、「蜃」にはもともと2通りの意味があり、1つは蛟龍（こうりゅう）という龍の仲間、もう1つは車螯（しゃごう）という蛤に似た大型の二枚貝の仲間を示していた（第20章参照）。

しかし、食用にもなる身近な蛤が世間に広まったためなのであろうか、時代が下るにつれて、いつの間にか蛤が楼閣を吐き出すという蜃気楼のデザインが定着した。日本では、はじめは中国の珍奇な現象として、あるいは妖怪変化の一種として絵画の題材にされていたようだ。しかし、江戸時代にはその印象が少しずつ変容していき、江戸時代の後半には、おめでたい文様として認知されるようになった。

写真 21-1　伊万里染付蜃気楼図中貝型皿
5枚組の貝型の皿。呉須によって大蛤が気を吐き、楼閣を作る様子が描かれている。
（縦16cm×横18cm×高さ4cm、江戸時代後期）

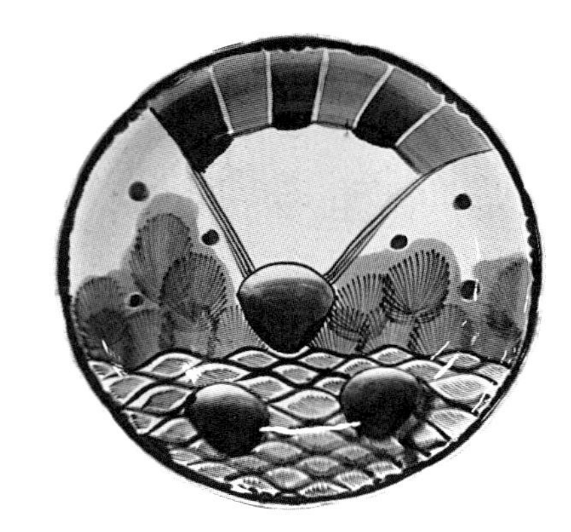

写真 21-2　志田焼染付蜃気扇図皿
大蛤から吐き出される気が扇子のようになっている。量産されるうちに図柄が簡略化されたと思われる。
（直径28cm×高さ5cm、江戸時代末～明治）

江戸時代に流行した蜃気楼図

町人文化が花開いた江戸時代には、さまざまな蜃気楼図が考え出された。とりわけ、江戸の人々が奇抜で幻想的なデザインを好んだのかはわからないが、現在、各種の蜃気楼図がデザインされた大皿や掛け軸、根付け、かんざし、刀の鐔などの美術工芸品が残されている。それらは、おそらく富裕な商人や武家などから注文を受けた職人が一点ずつ手作りした特注品だったため、生産量はきわめて少なかったと思われる。しかし、江戸時代の後半になり、蜃気楼図の認知が一般に広まるにつれて、少しずつ量産品として食器などの陶磁器にも描かれるようになった。量産された陶磁器には、鉢や小皿、お碗などがあり、それらの大半は、染付と呼ばれる青一色の絵付けであった。ただし、量産品とはいっても、当時はほとんどが手作業で描かれていたため、一点ごとに微妙に絵柄が異なり、深い味わいや面白さがある。

一方、江戸時代の絵付師には、蜃気楼の知識を持った人はほとんどいなかったと思われる。そのため、絵付師の多くは蜃気楼図の意味をあまり知らないまま、模写やアレンジが繰り返されたと考えられ、やがて伝言ゲームのようにもとの意味や形を失っていくことになる。その結果、蛤がアワビや巻貝など別の種類の貝になったり、まったく別物の亀や観音様になったりした。また、吐き出されて現れる楼閣も、竜宮城や雲になったり、あるいは線や点などの単純化されたマークになったりと自由な変化が見られるようになった。おそらく器を使う人も、その文様の意味などは、あまり考えなかったのかもしれない。

写真 21-3　色絵蜃気楼図大皿

大蛤が吐き出す気に楼閣が描かれている。雲と楼閣は朱と金彩で、波の藍色は鮮やかなコバルトブルーで表現されている。
（直径40cm×高さ7cm、時代不明）

写真 21-4　色絵蜃気楼図皿

大蛤が吐き出す妖気に楼閣が浮かび上がる様子が彩色で描かれている。口縁部の連続花文などに近代風の意匠がうかがえる。
（直径19㎝×高さ2㎝ 、江戸時代後期推定）

蜃気楼意匠の衰退と復活

江戸時代には、日用品にも描かれるほど市民権を得ていたと思われる蜃気楼図であったが、明治から大正へと時代が進むにつれて、美術工芸品のデザインとしては徐々に姿を消していった。それは、単に古くさいと思われ、飽きられてしまったのだろうか。あるいは、西洋の科学が流入し、国内でも科学研究が発展する時代となって、蛤が楼閣を吐き出す様子が非科学的で荒唐無稽なものとして敬遠されるようになったためであろうか。その真相はわからないが、どんな流行もまさに蜃気楼のようにやがて消えてしまうというのは、今も昔も変わらないことのようである。

一旦姿を消した蜃気楼図であったが、現在では美術工芸品としてのデザイン価値が少しずつ見直されている。富山県魚津市では、茶会の席主が地元の作家に依頼して、蜃気楼をデザインした茶釜やお茶を入れる棗(なつめ)などを新たに製作し、茶会で参加者の目を楽しませている（**第4部扉、写真21-13**）。

なお、日本蜃気楼協議会のホームページ（http://www.japan-mirage.org）では、本章で紹介した美術工芸品をすべてカラーで紹介しているので、ぜひ見てほしい。

写真 21-5　色絵金彩蜃気楼図盃洗

盃洗とは、盃をすすぐための台付きの鉢。器の内外には大蛤が楼閣の幻影を吐く図柄が描かれている。
（直径15cm×高さ12cm、江戸時代末～明治）

写真 21-6　色絵蜃気楼文蓋付碗

金襴手を用いた柿右衛門風の色絵碗。赤地に蝶と蛤の出す妖気と楼閣が交互に描かれている。
（直径14㎝×高さ10㎝ 、江戸時代末～明治）

⬅写真 21-7　蜃気楼図掛軸

写実的に描かれた蛤から楼閣が現れる様子が表現されている。佐野五風作。雰囲気を演出するため、表装は金襴、一文字には宝尽くしの文様が使われている。

（幅46cm×高さ209cm、昭和初期）

⬆写真 21-8　木彫蜃気楼根付

根付の全体が蛤の形状になっている。内部には竜宮城が彫刻されている。

（幅5㎝×奥行き5㎝×高さ3㎝、江戸時代文政年間）

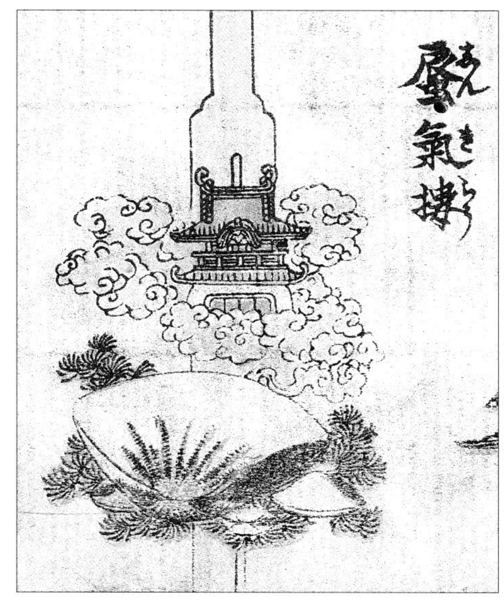

⬆写真 21-9　画本錦之嚢（絵手本）より

文政11（1828）年に浮世絵師の渓斎英泉が工芸職人向けに描いた絵手本。かんざしの装飾部が蜃気楼図になっている。

（図の縦8cm×横6cm、江戸時代後期）

⬅写真 21-10　蜃気楼図鉄鐔

刀の鐔。左安親の作と伝えられ、表面には蜃気楼図が高彫りされている。また、構図の一部と鐔耳には金象嵌が施されている。

（縦7cm×横7cm、江戸時代後期推定）

⬅写真 21-11　輪島塗黒漆沈金蜃気楼図椀

8客揃いの椀。黒漆の椀の蓋には沈金の技法で蜃気楼図が描かれている。
（直径12cm×高さ8cm、昭和期以前）

⬆写真　21-12　結蜃楼図墨

墨の表裏に「結蜃楼」の漢詩と蜃気楼図が金で施されている。
（縦19cm×横9cm×高さ2cm、時代不明）

⬆写真 21-13　蜃気楼棗

塗りは鷹休雅人（魚津市）、沈金沈銀は高出英次（輪島市）の合作。
黒と赤の漆でグラデーション（蜃気楼塗）された側面には蛤、蓋に楼閣が描かれている。
（直径7cm×高さ7cm、2013年）

コラム❹

蜃気楼を見る道具・撮る道具

「さあ蜃気楼を見に出かけよう」というときにどのような準備が必要だろうか。限られたチャンスを最大に活かすため、道具は大事である。蜃気楼観察にあると便利な装備を**図C4-1**にまとめた。

最も重要なのは、双眼鏡など見るための道具だ。蜃気楼の高さは上下の角度にして最大で0.3°しかない。そのため、肉眼ではその細部の観察は難しく、双眼鏡が必須だ。蜃気楼が発生する前に普段の景色を覚え、どこかに兆候がないか探すためにも双眼鏡は活躍する。双眼鏡の倍率は8～10倍程度が使いやすい。それ以上の倍率では手ブレの影響が大きくなり、かえって使いづらい。

せっかく出会えた蜃気楼は、やはりカメラで撮りたい。高画質で撮るなら、一定以上のセンサーサイズとレンズ口径を持つ一眼レフカメラ＋望遠レンズの組み合わせが理想だ。サンプル写真は、APS-Cサイズ一眼レフカメラ＋270㎜レンズで撮ったものである。フルサイズ（35㎜判）換算で約400㎜、双眼鏡の感覚で8倍程度に相当する。蜃気楼の撮影には300mm（35mm換算）あたりが最低ラインとなる。この倍率だと、ある程度の大きさで捉えながら前景も写し込んだ臨場感のある写真が撮れる。蜃気楼をもっと拡大して細部がわかる写真を撮るには、さらに高倍率の望遠レンズが必要だが、その場合はブレを防止するため三脚を使用したい。カメラの手ブレ補正機構は、望遠になればなるほど効果が低下する。

最近のカメラには、使いきれないほど機能がある。一定時間ごとに自動でシャッターを切るインターバル撮影機能や、センサーの周辺部をカットし望遠効果のあるクロップ機能などは、蜃気楼の撮影で威力を発揮するだろう。

⬅写真 C4-1　蜃気楼のサンプル写真
APS-Cサイズ一眼レフカメラ＋270㎜レンズで撮影したもの。
(富山市岩瀬方面の蜃気楼、4月上旬)

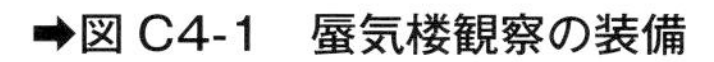

➡図 C4-1　蜃気楼観察の装備
熱中症予防や日焼け予防のため、日よけのパラソルや帽子、日焼け止め、飲料水など。長時間に及ぶ待機が必要なので、折りたたみ椅子、ラジオや本など、時間をつぶせるものも役立つ。観測の記録などをメモしておくためのメモ帳も必須。

各地の推奨観測地点・発生時期一覧

…推奨観測地点　…見られる時期・時間帯
…最寄り交通機関　…アドバイス

魚津市・富山湾

魚津埋没林博物館（富山県魚津市釈迦堂814）
海の駅蜃気楼（富山県魚津市村木定坊割2500-2）
（両施設は隣り合っている）

3月下旬～6月上旬（とくに5月）
午前11時～午後4時ころ（とくに昼すぎ）

あいの風とやま鉄道・魚津駅／富山地方鉄道新魚津駅より2km
北陸自動車道魚津ICより3km

海の駅蜃気楼には200台ほどの駐車場がある。蜃気楼の季節には市の委嘱を受けた蜃気楼解説員や魚津蜃気楼研究会の方が駐在して、蜃気楼の見方などを説明してくれる。

大津市・琵琶湖（南湖）

なぎさ公園おまつり広場（滋賀県大津市中央4）

3月～6月（とくに5月）
昼すぎから午後

JR大津駅より1.5km
京阪電車石坂線島ノ関駅より300m
名神高速道路大津ICより2km

なぎさ公園おまつり広場は70台ほどの駐車場と公園を兼ねたエリア。満車の場合でも近隣に複数の公共駐車場がある。14kmほど先に見える琵琶湖大橋の蜃気楼が観察できるポイント。

小樽市・石狩湾

高島海岸（旧高島トンネルの南側海岸、北海道小樽市高島3丁目）
朝里海岸（朝里海水浴場、北海道小樽市朝里4丁目）
銭函海岸（おたるドリームビーチ、北海道小樽市銭函3丁目75）

4月～7月
おもに昼前後だが夕方に発生することもある

高島海岸はJR函館本線小樽駅より4.5km、札樽自動車道小樽ICから6km
朝里海岸は朝里駅より400m、朝里ICより2km、
銭函海岸は星置駅より3km、銭函ICより6km

高島岬が蜃気楼になる「高島おばけ」は銭函海岸のおたるドリームビーチからが見やすい。おたるドリームビーチには海の家付近に駐車場がある。

斜里町・オホーツク海

前浜海岸（北海道斜里郡斜里町前浜町）
以久科原生花園（北海道斜里郡斜里町以久科北）

ほぼ通年見られるが、8～12月は減少する。条件により朝・昼・夜のそれぞれに発生することがある。

前浜海岸はJR釧網線知床斜里駅より1.5km、国道244号線（斜里国道）より2km
以久科原生花園は知床斜里駅より3.6km、国道334号線より1.7km

流氷が蜃気楼になる「幻氷」は、3～5月に見られる。とくに流氷が去る4月ころの昼前後に発生しやすい。冬期は、前浜海岸への道は雪で進入困難なため、以久科原生花園を推奨。

苫小牧市・太平洋

苫小牧港（北海道苫小牧市汐見町）

4～6月
昼過ぎから夕方

JR室蘭本線苫小牧駅より2.5km、道央自動車道苫小牧東ICより16km、日高自動車道沼ノ端西ICより13km

蜃気楼が見られる4～6月は霧が発生するシーズンでもあり、観測が妨げられることもある。工場など対象物となる建物が多く、変化がわかりやすい。

猪苗代湖

崎川浜湖水浴場付近（福島県会津若松市湊町）
浜路浜湖水浴場付近（福島県郡山市湖南町）

3～6月
午前中がほとんどだが、まれに早朝や午後、夜間に発生する

崎川浜はJR磐越西線翁島駅より18km、磐越自動車道磐梯河東ICより15km
浜路浜はJR磐越西線上戸駅より7.5km、磐越自動車道猪苗代磐梯ICより14km

対岸の家並みや道路を行く自動車などが蜃気楼となって見えるほか、湖上を行く遊覧船が変化することもある。地表近くの空気層がもやっとしているときに発生しやすい。

十和田湖

レークサイド山の家付近の湖岸（秋田県鹿角郡小坂町十和田湖銀山）
5月
午前中
JR奥羽本線大鰐温泉駅より42km、東北自動車道十和田ICより37km、黒石ICより36km、
現在までのところ5月に2回、発生を確認。3月から6月にかけて発生していると考えられる。対象物となる建物が少なく、また対象物までの距離がとりづらいため観察の条件はやや悪い。

田沢湖

春山地区湖岸（秋田県仙北市田沢湖田沢春山）
5月
午前中
JR田沢湖線田沢湖駅より6.2km、東北自動車道盛岡ICより44km、秋田自動車道大曲ICより50km
現在までのところ、5月に2回、発生を確認。対岸までの距離が短く、条件は恵まれていないが、対象物までの距離2.3kmという短距離での発生が確認されている。

大阪湾

大阪南港野鳥園（大阪府大阪市住之江区南港北3-5-30）
須磨海岸（兵庫県神戸市須磨区須磨浦通）
汐見公園（大阪府泉大津市汐見町）
3〜6月
昼前から夕方
大阪南港野鳥園は大阪市営地下鉄南港ポートタウン線トレードセンター前駅より1.1km、阪神高速湾岸線南港北出口より5km、南港南出口より7km
須磨海岸はJR神戸線須磨駅すぐ、山陽電鉄山陽須磨駅より200m、阪神高速道路神戸線若宮出口すぐ、第二神明道路須磨出口より2km
汐見公園は南海本線泉大津駅から3.4km、阪神高速道路湾岸線泉大津出口より3km、岸和田出口より3km
大阪南港野鳥園（9〜17時、木曜・年末年始休園）からは明石海峡大橋などの蜃気楼を見ることができる。須磨海岸からは、航行する船や、大阪府堺市〜泉佐野市方面の景色の蜃気楼が見られる。汐見公園からは、明石海峡大橋に沈む夕日がやや四角く変形したことがある。

本書読者限定公開　蜃気楼動画ウェブページについて

特典

より深く蜃気楼を理解し、楽しんでいただくために、本書読者限定のウェブページにて、第2部で取り上げた各地の動画を公開しています。

時間とともに変化していくようすや、蜃気楼の中で船や風車、自動車などが動くところが楽しめます。

紹介している地域

富山湾／琵琶湖（南湖、北湖）／小樽／斜里／苫小牧／猪苗代湖／十和田湖／田沢湖／大阪湾／南極／東京湾

下記のURLよりご覧ください。

http://www.japan-mirage.org/video/

日本蜃気楼協議会とは

日本蜃気楼協議会（略称：日蜃協）– Japan Mirage Association – は、蜃気楼をキーワードとした情報交換・調査研究・教育の普及などの交流を深めるために、2003年に発足した全国ネットワークである。会員は気象や教育関係者、博物館・科学館に携わる人から、カメラマンや蜃気楼愛好家など、バラエティに富んでいる。また、魚津蜃気楼研究会や北海道・東北蜃気楼研究会、琵琶湖蜃気楼研究会など、それぞれの地域で活動していたグループが所属して連携を深めている。

おもな活動は、毎年5月に本場・魚津に集まって、講演会や研究発表会を開催しており、その内容は、蜃気楼の発生理由や予報、シミュレーション、撮影技術、発生報告、教育、歴史、文化など多岐にわたっている。また日頃は、メーリングリストで全国での発生状況を報告したり、「この画像は蜃気楼？」など外部からの問い合わせに対応したりしている。

より深く蜃気楼を知りたい・かかわりたい読者には、入会をお勧めしたい。

日本蜃気楼協議会への入会については、次のQ&Aを参考にしてください。大変楽しくアットホームな集まりです。皆さんが仲間になるのを心からお待ちしています。

Q：会員になる資格はあるのですか？

A：蜃気楼に興味を持った方であれば、どなたでも入会できます。

Q：入会費や年会費は必要なのですか？

A：入会金は不要、年会費は１人1000円です。

Q：入会するにはどのようにすればよいのですか？

A：日本蜃気楼協議会のウェブサイトから、入会希望のメールを送ってください。詳細なご案内をいたします。

日本蜃気楼協議会のウェブサイト
http://www.japan-mirage.org

入会案内のほか、過去の研究発表会の講演要旨が閲覧できる。また、サイト内の「蜃気楼資料館」では、江戸時代から現代までの、蜃気楼にまつわる美術工芸品、骨董等を数多く紹介している。

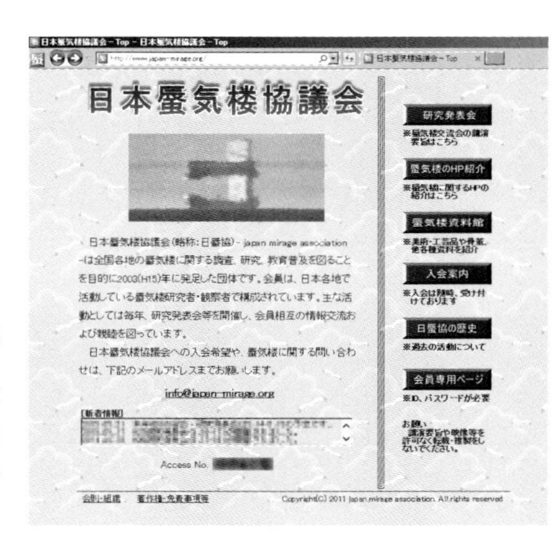

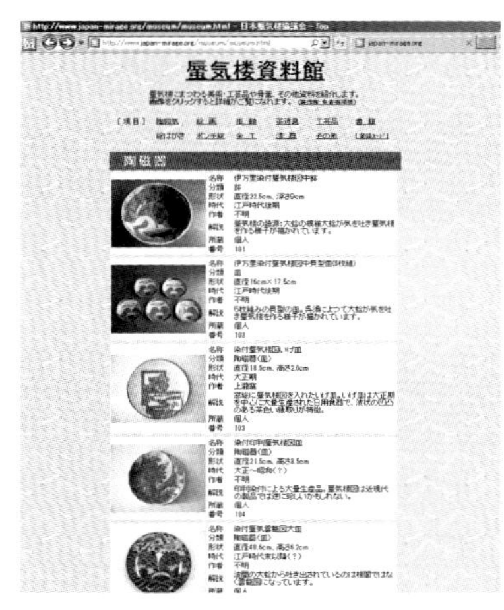

執筆者一覧

はじめに　蜃気楼を探そう！……**木下正博**

第１部　蜃気楼とは何か？

- 蜃気楼はなぜ見えるのか？……**木下正博**
- なかなか出会えない上位蜃気楼……**武田康男**
- 浮島現象や逃げ水などの下位蜃気楼……**武田康男**
- これも蜃気楼？――太陽や月の変形……**武田康男**

コラム１　蜃気楼は「逆転層」によって起こる……**木下正博**

第２部　蜃気楼を見に行こう！

- 魚津（富山県）の蜃気楼……**木下正博**
- 琵琶湖（滋賀県）の蜃気楼……**伴　禎**
- 小樽（北海道）の蜃気楼……**大鐘卓哉**
- 斜里（北海道）の蜃気楼……**佐藤トモ子**
- 苫小牧（北海道）の蜃気楼……**金子和真**
- 猪苗代湖（福島県）などの蜃気楼……**星　弘之**
- 大阪湾と日本各地の蜃気楼……**長谷川能三**
- 八代海（熊本県）の不知火……**伴　禎**
- 中国・蓬莱の蜃気楼……**木下正博**
- 世界と南極の蜃気楼……**宮内誠司**
- 天気予報を利用して、東京から日帰りで蜃気楼を見に行こう……**菊池真以**

コラム２　蜃気楼の見かけの大きさ……**長谷川能三**

第３部　蜃気楼を研究しよう！

- 蜃気楼メカニズム研究の最前線――富山湾における調査……**木下正博**
- 蜃気楼観測を進歩させた「定点カメラ」……**木下正博、石須秀知**
- 蜃気楼像をシミュレーションで再現する……**松井一幸、石須秀知**
- 実験で蜃気楼を作ってみよう……**木下正博、石須秀知**

コラム３　蜃気楼を伝えるメディアの方へ……**菊池真以**

第４部　蜃気楼の歴史と美術

- 歴史の世界から見た蜃気楼……**石須秀知**
- 美術工芸品の中の蜃気楼……**木下正博**

コラム４　蜃気楼を見る道具・撮る道具……**石須秀知**

撮影者・資料提供一覧（五十音順）

四十物貞親　写真 5-9

秋田県立博物館　写真 20-8

石沢啓一　写真 5-4, 写真 5-5, 写真 5-11, 写真 5-12, 写真 5-13, 第１部扉写真

石須秀知　写真 5-1, 写真 5-2, 写真 17-4, 写真 20-4, 写真 21-2, 写真 21-5, 写真 21-9, 写真 21-10, 写真 21-11, 写真 21-12, 写真 C4-1

宇城市教育委員会（旧不知火町教育委員会）　写真 12-1

大鐘卓哉　写真 2-4, 写真 4-4, 写真 7-1, 写真 7-2, 写真 7-3, 写真 20-7, 写真 21-3, 写真 21-4, 写真 21-6, 写真 21-8

大木淳一　写真 2-1

加藤宝積　写真 8-3, 写真 8-4

金沢市立玉川図書館　写真 20-5

金子和真　写真 9-1, 写真 9-2, 写真 9-3, 写真 9-4, 写真 9-5

菊池真以　写真 15-1

木下正博　写真 5-10, 第３部扉写真 , 写真 17-1, 写真 17-2, 写真 17-3, 第４部扉写真 , 写真 21-1, 写真 21-7, 写真 21-13

黒部市　写真 16-1

国立国会図書館　写真 20-1, 写真 20-2, 写真 20-3, 写真 20-6

桜井　正　写真 2-2, 写真 5-3, 写真 5-6, 写真 5-7

佐藤トモ子　第２部扉写真 , 写真 8-1

澤崎　寛　写真 5-8

武田康男　写真 3-1　, 写真 3-2　, 写真 3-3　, 写真 4-3, 写真 4-5, 写真 4-6 **（第 50 次南極観測隊員）** 写真 2-7, 写真 4-1, 写真 4-2, 写真 4-7, 写真 14-3

長谷川能三　写真 11-1, 写真 11-2, 写真 11-3, 写真 11-4, 写真 C2-1

伴　禎　写真 2-3, 写真 6-1, 写真 6-2, 写真 6-3, 写真 6-4, 写真 6-5, 写真 6-6, 写真 6-7, 写真 6-8

星　弘之　写真 2-5, 写真 10-1, 写真 10-2, 写真 10-3, 写真 10-4, 写真 10-5, 写真 10-6, 写真 10-7, 写真 10-8

宮内誠司　（第 36 次南極観測隊員）　写真 14-1, 写真 14-2, 写真 14-4, 写真 14-5, 写真 14-6

山鹿裕司　写真 2-6, 写真 8-2

吉田達生　写真 5-14

執筆者紹介（掲載順）

木下正博（きのした　まさひろ）
日本蜃気楼協議会会長。主に富山湾で観測・撮影を行っている。蜃気楼の新たな発生理由「暖気移流説」を提唱する。

武田康男（たけだ　やすお）
空の現象を探究し、大学の講義、講演、執筆、出演などを行っている。気象予報士、第50次南極観測隊員。著書に『世界一空が美しい大陸　南極の図鑑』（草思社）など。

伴　禎（ばん　ただし）
高等学校教諭。琵琶湖で蜃気楼の調査を行っている。自身のウェブサイト「琵琶湖の蜃気楼情報」で情報発信も行っている。

大鐘卓哉（おおがね　たくや）
小樽市総合博物館学芸員。北海道小樽で観測・研究を行い、多くの人に興味を持ってもらえるように情報発信を行っている。

佐藤トモ子（さとう　ともこ）
気象予報士。北海道斜里町の仲間と会をつくり情報を発信。知床の蜃気楼や幻氷の魅力を広めている。

金子和真（かねこ　かずま）
気象予報士・環境計量士。苫小牧沖を中心に北海道内の蜃気楼観測を行う。蜃気楼発生の予報情報も発信。

星　弘之（ほし　ひろゆき）
40年前太陽の蜃気楼に偶然出会う。猪苗代湖を中心に観測･撮影、新たな蜃気楼の発生地を探し続けている。

長谷川能三（はせがわ　よしみ）
大阪市立科学館学芸員。大阪湾の蜃気楼の調査を行う。光についてさまざまな展示やサイエンスショーも行っている。

宮内誠司（みやうち　せいじ）
気象庁職員、第36次南極観測隊員。南極で撮影後、魚津蜃気楼大使として普及活動。著書に『天空の賛歌』（共著、クライム気象図書出版）。

菊池真以（きくち　まい）
気象予報士。ＮＨＫ「ニュース７」気象キャスター。著書に『12ヶ月のお天気図鑑』（共著、河出書房新社）。

石須秀知（いしず　ひでとも）
魚津埋没林博物館学芸員。植物を専門としつつ魚津の蜃気楼の観測や情報発信に携わり、蜃気楼の歴史にも関心を持つ。

松井一幸（まつい　かずゆき）
琵琶湖北湖で観測、シミュレーションにも取り組む。龍谷大学非常勤講師。著書に『琵琶湖ハンドブック改訂版』（共著、滋賀県）。

日本蜃気楼協議会
全国各地の蜃気楼に関する情報交換、調査研究、教育の普及を図ることを目的に2003年に発足した団体。会員は気象や教育関係者、博物館・科学館に携わる人から、カメラマンや蜃気楼愛好家など、バラエティに富む。毎年、研究発表会等を開催し、会員相互の親睦を図っている。蜃気楼に興味を持った人であれば誰でも入会できる。詳細はウェブサイトを参照。

http://www.japan-mirage.org/

蜃気楼のすべて！

2016年4月20日　第１刷発行

著　者　日本蜃気楼協議会
装幀者　Malpu Design（清水良洋）
本文デザイン・イラスト　広田正康
発行者　藤田　博
発行所　株式会社草思社
〒160-0022　東京都新宿区新宿5-3-15
電話　営業03(4580)7676　編集03(4580)7680
印刷所　中央精版印刷株式会社
製本所　大口製本印刷株式会社

ISBN 978-4-7942-2200-8 Printed in Japan　検印省略